高职高专"十二五"创新型规划教材

# 网页设计项目化教程

主　编　胡颖辉　杨小毛　付克影

副主编　聂　宇　郑　伟　万为清
　　　　孙小英

**南京大学出版社**

图书在版编目(CIP)数据

网页设计项目化教程/胡颖辉,杨小毛,付克影主
编．—南京:南京大学出版社,2012.1 (2016.1 重印)
高职高专"十二五"创新型规划教材
ISBN 978-7-305-09487-3

Ⅰ.①网… Ⅱ.①胡… ②杨… ③付… Ⅲ.①网页制
作工具-高等职业教育-教材 Ⅳ.①TP393.092

中国版本图书馆 CIP 数据核字(2011)第 277991 号

出版发行 南京大学出版社
社　　址 南京市汉口路 22 号　　邮　　编 210093
网　　址 http://www.NjupCo.com
出 版 人 左　健
丛 书 名 高职高专"十二五"创新型规划教材
书　　名 网页设计项目化教程
主　　编 胡颖辉　杨小毛　付克影
责任编辑 张晋华　　　　　　　　编辑热线 010-82967726
审读编辑 王秉华
照　　排 天凤制版工作室
印　　刷 廊坊市广阳区九洲印刷厂
开　　本 787×1092　1/16　　　印张 12.5　　　字数 289 千
版　　次 2012 年 1 月第 1 版　2016 年 1 月第 2 次印刷
ISBN 978-7-305-09487-3
定　　价 28.00 元

发行热线 025-83594756
电子邮箱 Press@NjupCo.com
　　　　　 Sales@NjupCo.com（市场部）

# 前 言
## PREFACE

近几年来，随着互联网的迅猛发展，网页设计技术一直在推陈出新，社会对网页设计人才的需求也十分旺盛。

目前，网页大多是由网页制作软件制作，这些软件的功能相当强大，使用非常方便，同时推陈出新的速度相当地快。无论是哪一款网页制作软件，最后都是将所制作的网页编码成 HTML、CSS 和 JavaScript。也就是说，从标准化分析，网页可以分为三个部分：结构、表现和行为。结构化标准语言主要有：HTML 超文本标记语言、XML 可扩展标记语言和 XHTML 可扩展超文本标记语言；表现标准语言主要包括 CSS 层叠样式表；行为标准主要包括对象模型（如 W3C DOM）、ECMAScript 等。网页设计要符合 Web 标准，实际上就是对网页的结构、表现与行为进行分离——XHTML、CSS 与 JavaScript 的分离。

因此，本教材教学内容按照网页的结构、表现和行为三个方面进行组织：

项目一、项目二、项目三是对网页设计与制作的概念进行介绍，包括网页基础知识、网站概念、网页版式设计、网页配色、网页设计软件、网页标准、网页版式分析、Dreamweaver CS4 的使用、本地站点的建立和管理、XHTML 基础，以及 table 布局制作网页的过程，主要以基础入门为主。

项目四、项目五是对网页的样式、行为等进行介绍，包括网页模块化分析、CSS 的使用、基于 W3C 标准网页的制作、JavaScript 基础语法、JavaScript 在网页中的使用、JavaScript 表单验证、JavaScript 中正则表达式的使用、jQuery 在网页中的使用，以及利用 jQuery 在网页中实现一些动画效果，主要以提高为主。

项目六是一个完整的商业网站的设计实例，详细介绍了网站从设计到制作的全过程，从 PhotoShop 设计到基于 W3C 标准的模块化制作以及最终网页的发布。通过完整的网站制作项目实例，让学生学会综合运用各方面知识解决问题，完成项目任务，掌握网页设计与制作的职业能力。

对于这些技术的学习，本书打破传统的教材模式，基于"项目导向、任务驱动"的职业教育理念，按照网页的结构、样式与行为展开教学，以 6 个项目的制作过程为主线，力求把知识点融会贯通到项目开发的实践中；项目完成后通过进一步拓展实训，让学生学会独立分析问题、解决问题的能力；每个项目根据工作要求又进一步分为若干个任务，通过总共 18 个任务的完成过程，把教学情境融入任务完成的工作情境中，每个任务按照任务提出、任务分析、相关知识、任务实施、任务小结 5 个步骤进行介绍，通过任务完成逐渐引入相关知识的学习，让学生在直观、有趣的任务完成过程中逐渐学会知识；在教材最后，安排了一个完整网站设计的项目实例，让学生学会整合运用各方面的知识，掌握全面的职业能力。

本书结构清晰、内容翔实、案例丰富、职业特色鲜明，既适合教学，又适合初学者自学；既可以作为计算机相关专业学习网页设计、Web 前端设计的教材，又可以作为网页设计和制作很好的工具书。为了方便教学，本书还提供了电子课件及全书所有的案例和项目代码，读者可通过 E-mail：cnnelson@qq. com 直接与编者联系索取。

本书由江西信息应用职业技术学院胡颖辉、付克影，湖南商贸旅游学院杨小毛担任主编，江西信息应用职业技术学院聂宇、郑伟，渝州科技职业技术学院万为清，黄冈职业技术学院孙小英担任副主编，参加编写的还有江西信息应用职业技术学院倪烨老师。全书由胡颖辉统稿，在本书的编写过程中得到了国内著名 Web 前端工程师王子墨先生的大力支持，并参考了相关文献，在此表示诚挚的谢意。

由于作者水平有限，书中不足之处在所难免，敬请读者批评指正。

编　者
2011 年 12 月

# 目 录
## CONTENTS

# 项目一　网页设计与制作概述

随着互联网逐步深入到社会生活的各个领域，它影响着人们的日常工作、学习和生活。互联网在资源共享和信息交互方面所具有的得天独厚的优势，使得网站迅速发展起来。

项目一将以某个茶文化主题网站的主页为案例，从结构到网页元素的构成等方面来讲解一些网页相关的基础概念。案例效果如图 1-1 所示。

**图 1-1　某茶文化主题网站**

## 【学习目标】

(1) 掌握网页相关的基础知识；

(2) 了解色彩的基础知识；

(3) 了解网页版式的相关知识；

(4) 了解 Web 标准的相关基础知识。

# 任务一　网页构成元素分析

**任务提出**

依据要求，通过所展示的网页效果图，完成对网页基本结构的认识，并掌握网页的基本设计要求及其构成元素。

**任务分析**

网页是一种多媒体元素的集合体，因为构成元素的多样化，使得信息更加丰富，因此，在进行网页设计与制作之前，有必要掌握网页中的各种构成元素。

(1) 了解网页的简单发展史；

(2) 了解网页的分类及元素的构成；

(3) 了解色彩的相关知识及常见制作工具。

**相关知识**

## 一、网页基础知识

### 1. 网页的概念

网页是网站的基本构成元素，是互联网信息与资源传递的主要载体，是可以在互联网上传输、能被浏览器识别和翻译并显示出来的文件。打开浏览器，在地址栏中输入诸如 http://www.××××.com 的网址，就可以打开一个网页。

一般网页信息比较丰富，有文本和图片等信息，有的网页因为需求还会有声音、视频、动画等多媒体内容。网页作为网络发展的产物，比传统的媒体（如广播、报纸、杂志等）有着更快的传播速度，更强的交互能力。

### 2. 网页的分类

网页可分为两类：静态网页与动态网页。

1) 静态网页

在客户端运行的网页，它由标准的 HTML 代码组成。早期的网站一般都是由静态网页组成，常见的文件类型有 HTML、HTM、SHTML、XML 等。静态网页中也可以有动态元素，如 GIF 动画，Flash 动画等，但是也仅仅只是视觉上的动态效果，与网页的动态是不同的。

2）动态网页

在服务器端运行的网页和程序被称为动态网页。动态网页以数据库技术为基础，可以根据编写的程序访问数据库，并动态生成页面，因而网页的信息是可以及时且动态地更改，常见的文件类型有 cgi、jsp、php、asp 等。

**3. 网页的基本构成**

网页中的基本元素有文字、图片、音频、动画和视频等。

网页的构成要素主要有网页标志、网页标题、导航条、图片、多媒体、配色、字体等。

在网页中可以看到的内容有主题、标题、普通文本、签名、水平线、内嵌图像、背景色或样式、动画、超链接、图像地图、列表、表单。

在网页中不能看到的内容有鉴定、注释、JavaScript 代码、Java applet、图像地图和表单处理代码。

## 二、网页的发展史

随着网络的发展，社会的进步，作为网络信息重要载体的网页，无论是在形式上还是技术上都得到了快速的发展。

1991 年 8 月，蒂姆·伯纳斯一李（Tim Berners-Lee）发布了第一个基于文本的、只包含几个链接的网站，如图 1-2 所示。

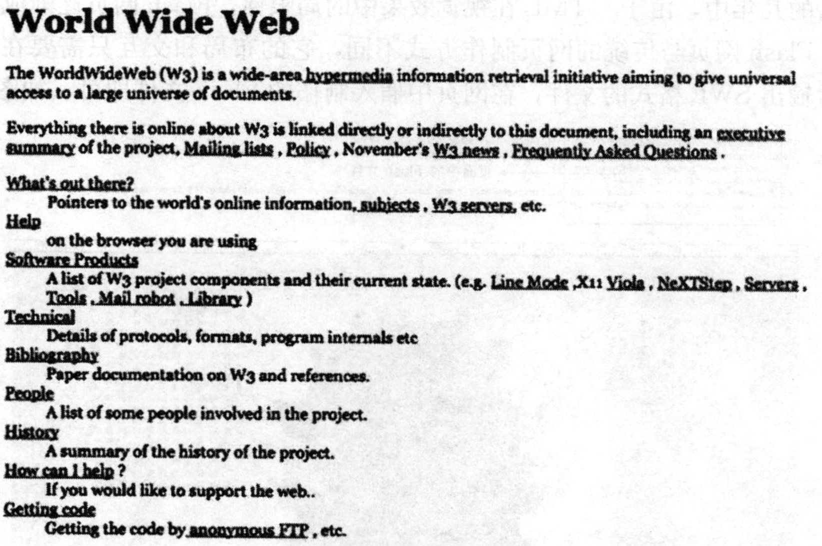

**图 1-2　第一个网页**

1994 年，万维网联盟（W3C）成立，HTML 正式成为了网页设计的标记语言，网页进入了一个新的发展时期，表格和 GIF 占位图片被大量地运用于网页中，表格布局如图 1-3 所示。

```
<table width="824" height="68">
<tr>
    <td width="32"> </td>                                                    →  表格布局
    <td width="104"><a href="http://www.taobao.com/" target="_blank"><img src="Images/1j/09310168980361084593131.jpg" width="100
    <td width="104"><a href="http://www.baidu.com/" target="_blank"><img src="Images/1j/09310201264365648970353.jpg" width="100
    <td width="104"><a href="http://www.google.cn/" target="_blank"><img src="Images/1j/09310104948374466803004466.jpg" width="100
    <td width="104"><a href="http://cn.yahoo.com/" target="_blank"><img src="Images/1j/09310163106370166248907.jpg" width="100
    <td width="104"><a href="http://sina.com.cn/" target="_blank"><img src="Images/1j/09310204117550113541746709.jpg" width="1
</td>
    <td width="104"><a href="http://www.qq.com/" target="_blank"><img src="Images/1j/09310204117550113563225069.jpg" width="100
    <td width="104"><a href="http://www.qq.com/" target="_blank"><img src="Images/1j/09310120822365512421115728.jpg" width="100
    <td width="9"><a href="http://www.ifeng.com/" target="_blank"></a></td>
    <td width="11"> </td>
</tr>
</table>
```

**图 1-3　表格布局网页**

在随后的几年中，由于 HTML 在视觉效果中的局限性，Flash 网页逐渐成为网页设计的新宠儿。Flash 网页与传统的网页制作方式不同，它的布局和交互只需要在 Flash 软件中做好然后输出 SWF 格式的文件，在网页中插入制作的 Flash 文件即可，如图 1-4 所示。

```
<object classclass="clsid:D27CDB6E-AE6d-11cf-96B8-444553540000" codebase=
"http://download.macromedia.com/pub/shockwave/cabs/flash/swflash.cab#version=9,0,28,0" width="1004" height="529">
    <param name="movie" value="main.swf" />                          →  页面中的 Flash 文件
    <param name="quality" value="high">
    <embed src="main.swf" quality="high" pluginspage="http://www.adobe.com/shockwave/download/download.cgi?P1_Prod_Version=ShockwaveFlash" t)
"application/x-shockwave-flash" width="1004" height="529"></embed>
</object>
```

**图 1-4　Flash 网页**

近几年，随着 Web 浏览器的不断升级，对 CSS 的支持得到了加强和扩展，Web 标准开始逐步被业界认同和支持，典型的应用模式就是"CSS＋div"，如图 1-5 所示。

图 1-5　CSS＋div 模式布局网页

## 三、网页配色

### 1. 网页色彩

在网页中，经常用到的色彩模式为 RGB 模式，即红（R）、绿（G）、蓝（B）三种颜色。通过这三种颜色可以实现几乎人类视觉所能感知的所有颜色。

RGB 色彩模式使用 RGB 模式，为图像中每一个像素的 RGB 分量分配一个 0～255 范围内的强度值。在网页的 HTML 语言中，RGB 颜色用十六进制表示，例如：纯红色表示为 FF0000；纯绿色表示为 00FF00；纯蓝色表示为：0000FF；黑色表示为：000000；白色表示为：FFFFFF。颜色面板如图 1-6 所示。

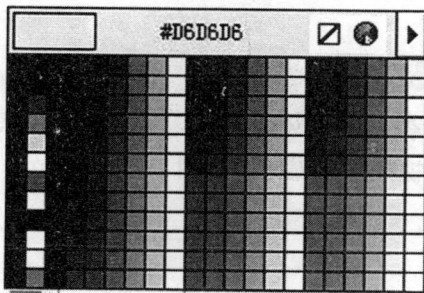

图 1-6　颜色面板

**2. 色彩的视觉效果**

不同的颜色，能给人带来不同的心理感受，影响人的情绪。因而，一个好的网站，色彩的搭配也是十分重要的。以下是一些常见色彩的心理感受。

红色：代表热情、奔放、生命。红色能使人产生冲动、愤怒、热情、有活力的感觉。当变为粉红时，就会表现出温柔、顺从的特点和女性的特质。

绿色：代表新鲜，充满希望、和平、青春，是生命力量和自然力量的象征。

蓝色：代表永恒、理智、公正、权威、科技等。

白色：代表纯洁、朴素、神圣等。

黄色：明度最高的色彩，象征高贵、智慧，是文明与进步的象征。

黑色：代表神秘、寂静、悲哀、压抑等。

灰色：一种使用率非常高的颜色，具有中庸、平凡、温和、中立的感觉，配合其他颜色可以表达时尚、科技等形象。

**3. 网页配色技巧**

一个网站的整体色彩效果取决于主色调的确定，以及前景色与背景色的关系。网站是倾向于冷色或暖色，还是倾向于明朗鲜艳或素雅质朴，这些色彩倾向所形成的不同色调给人们的印象即网站色彩的整体效果。网站色彩的整体效果取决于网站的主题需要以及访问者对色彩的喜好，并以此为依据来决定色彩的选择与搭配。

1）同种色彩搭配

同种色彩搭配是指首先选定一种色彩，然后调整透明度或饱和度，将色彩变淡或加深，产生新的色彩。这样的页面看起来色彩统一，有层次感。

2）邻近色彩搭配

邻近色是色环上已给定的颜色邻近的任何一种颜色。如绿色和蓝色、红色和黄色就互为邻近色。采用邻近色可以使网页避免色彩杂乱，易于达到页面的和谐统一。

3）对比色彩搭配

利用色彩冷暖在视觉上的反差形成极强的色彩对比，给人以视觉上的冲击。例如黑白，红黑等。

**任务实施**

通常一个页面包含的元素主要有网页 Logo、网页标题、导航条、图片、文本等，甚至还可以包含动画、声音、视频等多媒体。如图 1-7 所示。

图 1-7　构成元素

从各种网页中不难发现，不管网页结构多么复杂，内容多么丰富，但是构成网页的主要元素始终不会缺少。把握好这些元素的设计，是制作一个成功网页的重要前提。

**任务小结**

通过完成本次任务，初步掌握了网页的基础知识及构成元素。

（1）掌握了网页中常见的基本元素；

（2）掌握了构成网页的主要要素。

# 任务二　网页的版式分析

**任务提出**

依据要求，通过所展示的网页效果图，完成对网页基本结构的认识，并掌握网页的基本设计要求及其构成元素。

**任务分析**

认识了网页的元素构成，接下来就要考虑如何使用这些元素，选择合适的网页版式，将这些元素进行整合，完成网页的制作。

(1) 了解网站的相关知识；

(2) 了解网页常见的制作工具；

(3) 了解网页的版式设计。

**相关知识**

## 一、认识网站

### 1. 网站的概念

网站又称为 Web 站点，是网页和网页中应用到的资源的集合，也可以通俗地理解为是一个包含网页、图片、动画等各种资源的文件夹。

### 2. 主页

网站是由很多个网页链接在一起组成的，用户浏览一个网站时看到的第一个页面叫做主页。主页可以起到导航的作用，通过主页可以链接到本网站的每一个页面。一般主页命名习惯用 index、default 等。

### 3. 网址

每个网站都有一个对应的互联网地址，称为统一资源定位器，简称 URL。浏览者可以通过网址访问互联网上的一个站点，如地址栏中 http://www.sina.com.cn 就是新浪网的网址。

### 4. 域名

域名就是网站的名称。每个域名在互联网中都对应一个 IP 地址，IP 与域名之间的转换工作称之为域名解析，由 DNS 完成。

域名有级别之分，从右往左级别依次递减，每一级域名用 . 隔开。例如：新浪网

http://www.sina.com.cn中，sina.com.cn 为域名，sina 是三级域名，com 是二级域名，cn 是国家顶级域名。顶级域名目前有 2 类：国家顶级域名，如 cn 代表中国，jp 代表日本，uk 代表英国等；另外一个是类别国际顶级域名，如 com 代表商业公司，net 代表网络机构，org 代表组织机构，edu 代表教育机构，gov 代表政府部门等。

**5. 网站设计的基本流程**

（1）网站的需求分析；

（2）规划网站结构；

（3）素材的收集与处理；

（4）设计与制作网页；

（5）网站的发布。

## 二、网页设计的常见软件简介

### 1. 网页设计软件 Dreamweaver

Dreamweaver 是网页设计与制作领域中用户最多、应用最广、功能最强的软件，无论在国内还是国外，它都是备受专业 Web 开发人员喜爱的软件之一。Dreamweaver 用于网页的整体布局和设计，以及对网站进行创建和管理，是网页设计三剑客之一，利用它可以轻而易举地制作出充满动感的网页。Dreamweaver CS4 的工作界面如图 1-8 所示。

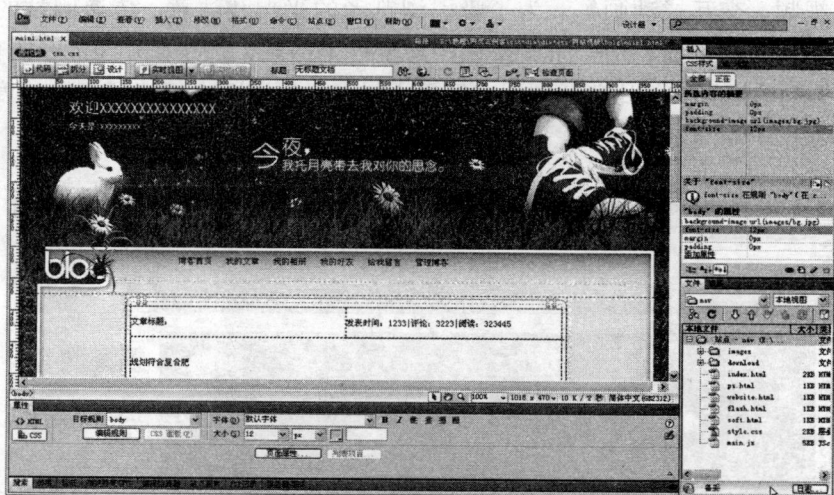

**图 1-8　Dreamweaver CS4 的工作界面**

### 2. 专业图像处理软件 Photoshop

Photoshop 是 Adobe 公司最著名的专业图像处理软件，凭借其强大的功能和广泛的使用范围，一直占据着图像处理软件的领先地位。Photoshop 在图像合成、图像处理和照片处理中可以实现非常完美的效果。使用 Photoshop 可以设计出网页的整体效果图，网页

Logo，网页按钮等。Photoshop CS4 的工作界面如图 1-9 所示。

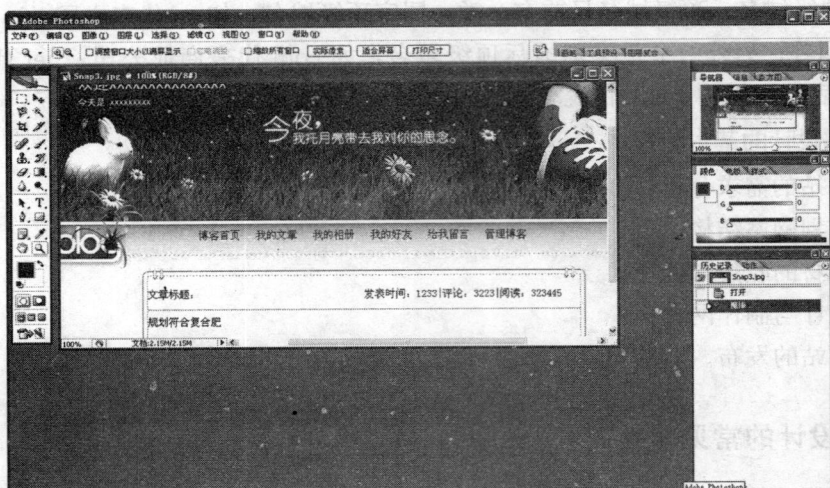

图 1-9　Photoshop CS4 的工作界面

### 3. 网络动画制作软件 Flash

　　Flash 是一款非常优秀的交互式矢量动画制作工具，能够制作包含矢量图、位图、动画、音频、视频、交互式动画等。为了吸引浏览者的兴趣和注意，传递网站的动感和魅力，许多网站的介绍页面、广告条、按钮，甚至整个网站，都是采用 Flash 制作出来的。由于 Flash 编制的网页文件比普通网页文件要小得多，所以大大加快了浏览速度，这是一款十分适合动态 Web 制作的工具。Flash CS4 的工作界面如图 1-10 所示。

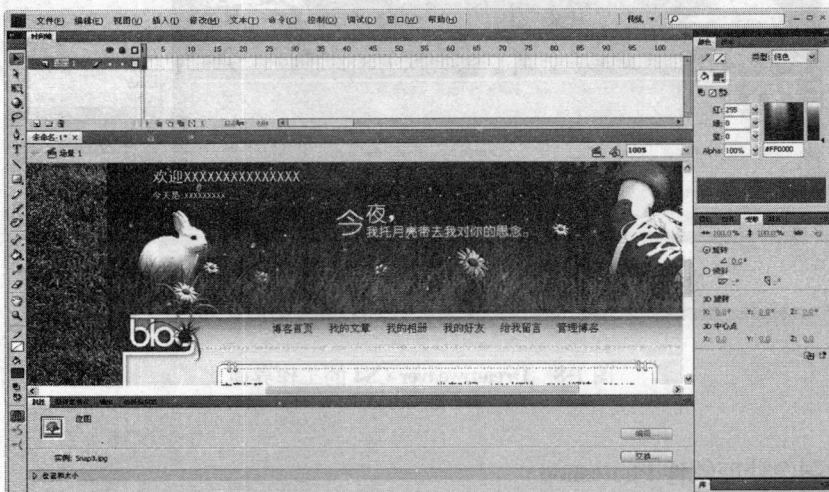

图 1-10　Flash CS4 的工作界面

## 三、网页版式设计

### 1. 版式设计概述

网页版式设计是指将网页中所需要展现的各种元素按照主题的需求进行有机组合，进行必要的关联设计，说得更通俗一些，就是网页中元素的排列布局方式。

一个好的网站仅仅凭借内容很难从互联网中脱颖而出，如果要吸引浏览者，提高网页的吸引力，版式设计的好坏至关重要。好的版式设计不仅能增强画面的视觉效果，更有利于重要信息的展示。

### 2. 尺寸和构成要素

和报刊不同，网页并没有一个规定的尺寸，它的大小通常是受显示器的分辨率影响的。早期主流的分辨率为 $800 \times 600$，目前一般为 $1024 \times 768$，对某些宽屏显示器，分辨率达到了 $1280 \times 800$。为了让网页信息能较好地展示出来，一般网页的宽度设置为和分辨率相当，并尽量保持网页始终居中。

## 四、Web 标准概述

### 1. Web 标准的概念

Web 标准，即网站标准。目前通常所说的 Web 标准一般指进行网站建设所采用的基于 XHTML 语言的网站设计语言。Web 标准中典型的应用模式是"CSS+div"。

常规下网站制作，布局都采用表格，页面所有的内容都交织在一起，结构极其混乱，不利于维护，也不利于在移动设备上运行；而 Web 标准恰好可以解决传统网页制作的不足，它将网页分为三部分：结构、表现和行为。

结构采用结构化标准语言：主要包括 XHTML 和 XML。

表现采用表现标准语言：主要包括 CSS。

行为标准：主要包括对象模型、ECMAScript 等。

### 2. Web 标准的优点

（1）采用 Web 标准对网站浏览者所带来的优点：

①文件下载与页面显示速度更快；

②用户能够通过样式选择定制自己的表现界面；

③内容能被更多的用户访问（包括失明、视弱、色盲等残疾人士）；

④内容能被更广泛的设备所访问（包括屏幕阅读机、手持设备、搜索机器人、打印机、电冰箱、洗衣机等）；

⑤所有页面都适用于打印的版本。

（2）采用 Web 标准对网站维护人员所带来的好处：

①更容易被搜索引擎搜索到；

②带宽要求降低（代码更加简洁），成本降低；

③更少的代码和组件，容易维护；

④提供打印版本而不需要复制内容；

⑤改版方便，不需要变动页面的内容；

⑥提高网站的易用性。

**任务实施**

根据页面内容及设计效果的需求，网页版式可以分为多种形式，如标题正文型、厂字型、国字型、分栏型、满版型、骨骼型、曲线型等，根据排版结构又可以大致分为上中下结构、左中右结构、或者是更加复杂的复合型结构。本任务中的网页为上中下结构，这是网络中最常见的一种布局结构。如图 1-11 所示。

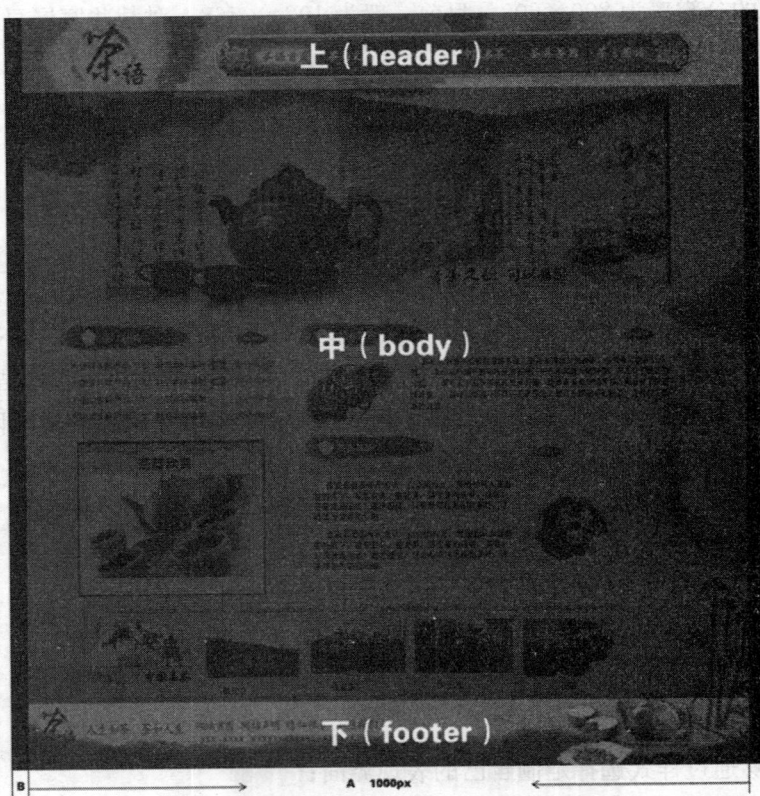

图 1-11　页面结构

（1）header：通常指的是网页居上部分，一般包含网页 Logo、网页标题、网页导航条，甚至可以包含网页 banner。

（2）body：通常是指网页居中部分，也叫主体部分，包含了页面的文本、图片、动画、视频等主要需要表现的信息。

（3）footer：通常是指网页居下部分，主要包含了版权信息、作者、联系方式、友情链接等辅助信息。

（4）A（见图1-11）：这里是指网页的宽度。本任务中的网页宽度是1000 px，这也就意味着显示器分辨率至少要在1000 px以上才能完整显示出网页。因而在设计页面的时候，一定要考虑到不同用户电脑的分辨率，让页面尽量能在所有的浏览器中完整显示，尽量不要出现横向的滚动条。

（5）B（见图1-11）：这里指的是页面的背景，显然这个地方超出了网页内容部分。通常为了使网页效果更加具备观赏性，会在浏览器与页面主体之间的空隙运用背景，但这并不是必要部分。

**任务小结**

通过完成本次任务，初步了解了网站的基础知识及网页的常见版式。
（1）掌握了网站的基础知识；
（2）掌握了网页版式的分类。

# 项目拓展实训

## 一、实训名称
优秀网页欣赏及结构分析。

## 二、实训目的
（1）学会网页版式分析；
（2）学会网页构成元素的分析；
（3）掌握网页设计的基本要求。

## 三、实训要求
（1）独立分析至少3种以上版式的网页；
（2）对网页进行元素构成的分析，并分析元素设计的特点。

## 四、实训条件
Dreamweaver CS4、IE浏览器（Internet Explorer8.0）、火狐浏览器（FireFox7.0）、谷歌浏览器（Chrome14.0）。

## 五、实训内容
分析一个门户网站（新浪网，见图1-12）、一个公司网站（中国葛洲坝集团，见图1-13）、一个院校网站（北京大学，见图1-14）的结构以及元素构成。

图 1-12　新浪网首页

图 1-13　中国葛洲坝集团网站首页

**图 1-14　北京大学网站首页**

# 项目二　Dreamweaver CS4 简介

俗话说"工欲善其事，必先利其器"，要高效地、正确地制作出一个合格的网站，就必须先熟悉网页的制作环境，掌握网站的管理方法等。

项目二将以创建一个简单的图文网页为案例，从站点的创建到页面的制作等方法来熟悉网页制作环境与网站管理方法的学习。案例效果图如图 2-1 所示。

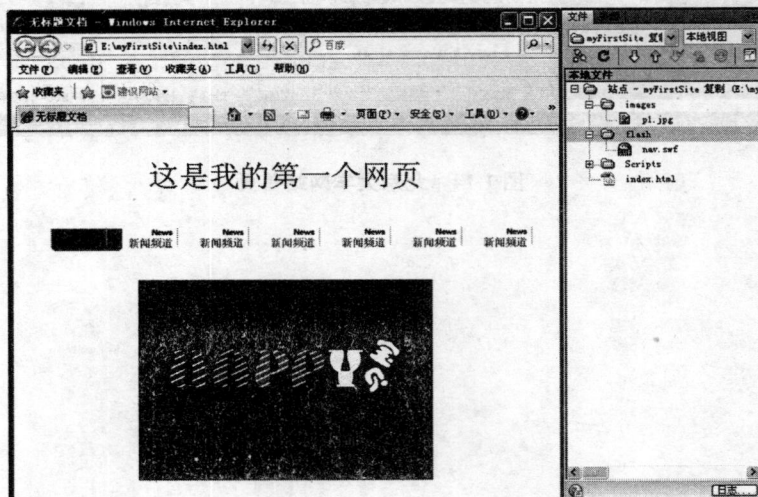

图 2-1　站点与网页

## 【学习目标】

(1) 熟悉 Dreamweaver CS4 软件的环境；

(2) 掌握站点的创建；

(3) 掌握站点的管理；

(4) 掌握 HTML 页面的创建；

(5) 掌握在 HTML 页面中使用图片、动画与文本。

# 任务一　本地站点的创建与管理

**任务提出**

依据要求，通过所展示的网页效果图，完成对站点的创建与管理，并能进行站点内网页等与文件夹的熟练操作。

**任务分析**

网页的制作离不开制作工具，网页元素的管理又离不开站点，在进入网页的制作环节之前，我们必须先了解和掌握一些软件的使用方法和站点、页面的创建与管理方法。

(1) 熟悉 Dreamweaver CS4 各种面板的使用方法；

(2) 掌握站点的创建与管理。

**相关知识**

## 一、初识 Dreamweaver CS4

Adobe Dreamweaver CS4 是一款专业的 HTML 编辑软件，用于对站点、网页和 Web 应用程序进行设计、编码和开发。无论是喜欢直接编写 HTML 代码还是偏爱在可视化编辑环境中工作，Dreamweaver 都可以提供众多工具.

利用 Dreamweaver 中的可视化编辑功能，可以快速地创建页面而无需编写任何代码。不过，如果您更喜欢用手工直接编码，Dreamweaver 还包括许多与编码相关的工具和功能。并且，借助 Dreamweaver 还可以使用服务器语言（如 ASP、ASP. NET、JSP 和 PHP）生成支持动态数据库的 Web 应用程序。

## 二、Dreamweaver CS4 的操作环境介绍

Dreamweaver CS4 的工作界面与 Dreamweaver 以前版本有所差别，整合了一些面板，例如：将插入菜单栏整合到面板组，使工作空间显得更加宽阔和简洁。

### 1. 启动 Dreamweaver CS4

软件启动后，首先看到的便是"欢迎界面"，界面主要由【最近打开项目】、【新建】和【功能】3 个部分组成，如图 2-2 所示。

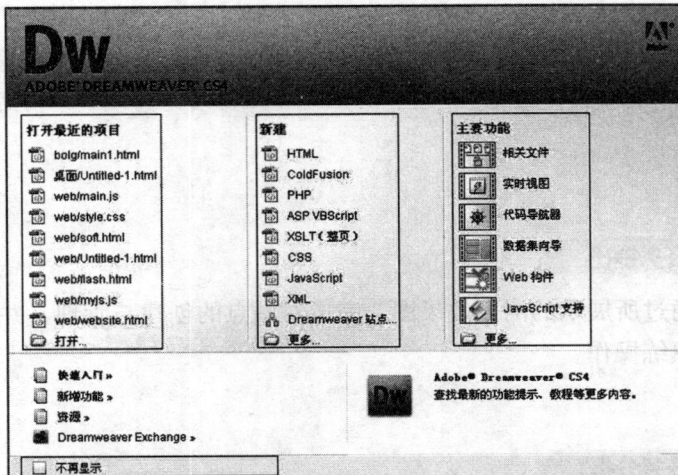

图 2-2　欢迎界面

（1）打开最近的项目：显示最近编辑过的页面文件列表，可以通过点击列表文件名称快速打开上一次编辑过的同一位置的页面文件。

（2）新建：可以从新建列表中选择一种文件类型快速地创建新的文档。

（3）主要功能：在线介绍一些网页制作的相关技术。

（4）关闭欢迎界面：可以通过欢迎界面下面【不再显示】复选框关闭欢迎界面，当下次再启动 Dreamweaver 的时候，欢迎界面就不再显示。若要再次启动欢迎界面，只需要在【编辑】｜【首选参数】｜【常规】菜单下选中【显示欢迎界面】选项即可。

**2. Dreamweaver CS4 的工作界面**

Dreamweaver CS4 的工作界面主要由以下几个部分组成。

1）标题栏

标题栏位于整个工作界面的最上面，显示当前文件的名称信息，右侧是最大化、最小化和关闭窗口 3 个按钮。

2）菜单栏

菜单栏包括【文件】、【编辑】、【查看】、【插入】、【修改】、【格式】、【命令】、【站点】、【窗口】和【帮助】10 个菜单，如图 2-3 所示。

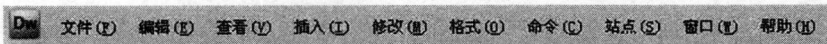

图 2-3　菜单栏

（1）【文件】：用来管理文件，包括创建和保存文件、导入与导出文件、浏览和打印文件等。

（2）【编辑】：用来编辑文本，包括撤销与恢复、复制与粘贴、查找与替换、参数设置和快捷键设置等。

（3）【查看】：用来查看对象，包括代码的查看、网格线与标尺的显示、面板的隐藏和工具栏的显示等。

（4）【插入】：用来插入网页元素，包括插入图像、多媒体、AP 元素、框架、表格、表单、电子邮件链接、日期、特殊字符和标签等。

（5）【修改】：用来实现对页面元素修改的功能，包括页面元素、面板、快速标签编辑器、链接、表格、框架、导航条、AP 元素的位置、对象的对齐方式、AP 元素与表格的转换、模板、库和时间轴等。

（6）【格式】：用来对文本进行操作，包括字体、字形、字号、字体颜色、HTML/CSS 样式、段落格式化、扩展、缩进、列表、文本的对齐方式等。

（7）【命令】：收集了所有的附加命令项，包括应用记录、编辑命令清单、获得更多命令、插件管理器、应用源代码格式、清除 HTML/Word HTML、设置配色方案、格式化表格和表格排序等。

（8）【站点】：用来创建与管理站点，包括站点显示方式、新建、打开与自定义站点、上传与下载、登记与验证、查看链接和查找本地/远程站点等。

（9）【窗口】：用来打开与切换所有的面板和窗口，包括插入栏、属性面板、站点窗口和 CSS 面板等。

（10）【帮助】：内含 Dreamweaver 联机帮助、注册服务、技术支持中心和 Dreamweaver 的版本说明。

3）工具栏

工具栏可以分为【文档】工具栏和【标准】工具栏。

（1）【文档】工具栏包括了控制文档窗口视图的按钮和一些比较常用的弹出菜单，用户可以通过【代码】、【拆分】、【设计】和【实时视图】4 个按钮使工作区在不同的视图模式之间进行切换，如图 2-4 所示。

**图 2-4 【文档】工具栏**

① 【代码】：显示 HTML 源代码视图。

② 【拆分】：同时显示 HTML 源代码和【设计】视图。

③ 【设计】：是系统默认设置，只显示【设计】视图。

④ 【实时视图】：显示不可编辑的、交互式的、基于浏览器的文档视图。

⑤ 【实时代码】：显示浏览器用于执行该页面的实际代码。

⑥ 【标题】：输入要在网页浏览器上显示的文档标题。

⑦ 【文件管理】：当有多个人对一个页面进行操作时，进行获取、取出、打开文件、导出和设计附注等操作。

⑧【在浏览器中预览/调试】 ：允许用户在浏览器中浏览或调试文档。

⑨【刷新设计视图】 ：将【代码】视图中修改后的内容及时反映到文档窗口。

⑩【视图选项】 ：允许用户为【代码】视图和【设计】视图设置选项，其中包括对哪个视图显示在上面进行选择。

⑪【可视化助理】 ：允许用户使用不同的可视化助理来设计页面。

⑫【验证标记】 ：允许用户验证当前文档或选定的标签。

（2）【标准】工具栏包括【新建】、【打开】、【保存】、【剪切】、【复制】和【粘贴】等一般文档编辑命令，如图 2-5 所示。如果不需要经常使用这些命令，可以将此工具栏关闭，在工具栏的空白处右击，在弹出的快捷菜单中去掉【标准】前面的对勾即可。

**图 2-5　标准工具栏**

①【新建文档】 ：新建一个网页文档。

②【打开】 ：打开已保存的文档。

③【在 Bridge 中浏览】 ：在 Bridge 中浏览文件。

④【保存】 ：保存当前的编辑文档。

⑤【全部保存】 ：保存 Dreamweaver CS4 中的所有文件。

⑥【打印代码】 ：单击此按钮，将自动打印代码。

⑦【剪切】 ：剪切工作区中被选中的文字和图像等对象。

⑧【复制】 ：复制工作区中被选中的文字和图像等对象。

⑨【粘贴】 ：把剪切或复制的文字和图像等对象粘贴到文档窗口内的光标所在位置。

⑩【还原】 ：撤销前一步的操作。

⑪【重做】 ：重新恢复取消的操作。

4）工作区

工作区是 Dreamweaver CS4 操作环境的主体部分，是创建和编辑文档内容、设置和编排页面内所有对象的区域，包含标尺和状态栏两个部分。如图 2-6 所示。

图 2-6 工作区

5）【属性】面板

属性面板主要用于查看和更改所选对象的各种属性，每种对象都具有不同的属性。属性面板可以分为【HTML】属性栏和【CSS】属性栏。

（1）【HTML】属性栏默认显示文本的格式、样式和对齐方式等属性。如图 2-7 所示。

图 2-7 【HTML】工具栏

（2）【CSS】属性栏可以在 CSS 选项中设置各种属性。如图 2-8 所示。

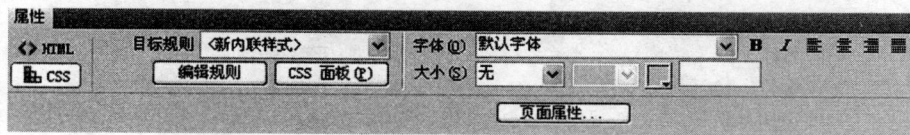

图 2-8 【CSS】工具栏

6）插入面板

【插入】面板包含用于创建和插入对象（如表格、图像和链接）的按钮。这些按钮按类型可分为【常用】、【布局】、【表单】、【数据】、【Spry】、【InContext Editing】、【文本】和【收藏夹】。如图 2-9 所示。

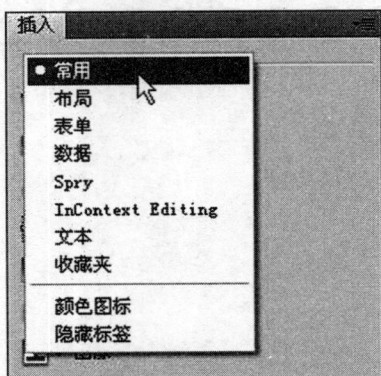

图 2-9　【插入】面板

①【常用】插入栏：用于创建和插入最常用的对象，如图像和表格。如图 2-10 所示。
②【布局】插入栏：用于插入表格、表格元素、div 标签、框架和 Spry 构件，还可以选择表格的两种视图：标准（默认）表格和扩展表格。如图 2-11 所示。

图 2-10　【常用】插入栏

图 2-11　【布局】插入栏

③【表单】插入栏：可以定义表单和插入表单对象。如图 2-12 所示。
④【数据】插入栏：可以插入 Spry 数据对象和其他动态元素。如图 2-13 所示。

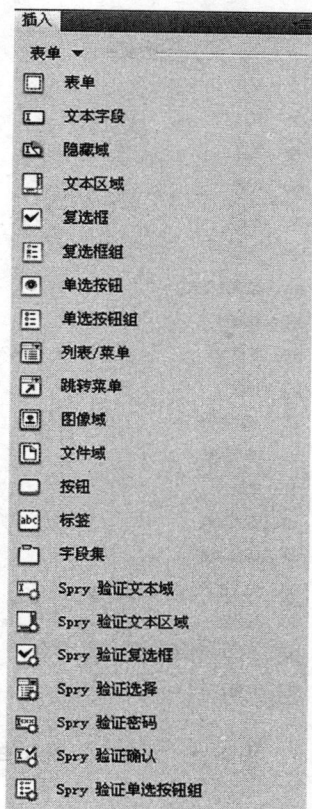

图 2-12　表单插入栏

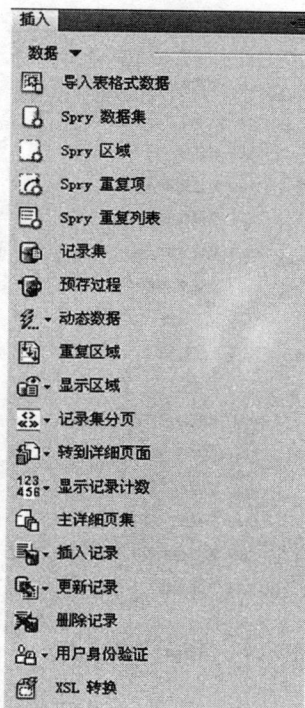

图 2-13　数据插入栏

⑤【Spry】插入栏：包含一些用于构建 Spry 页面的按钮。如图 2-14 所示。

⑥【文本】插入栏：用于插入各种文本格式和列表格式的标签。如图 2-15 所示。

⑦【收藏夹】插入栏：用于将插入面板中最常用的按钮分组和组织到某一公共位置。

⑧面板组：在 Dreamweaver CS4 工作界面的右侧排列着一些浮动面板，这些面板集中了网页编辑和站点管理过程中最常用的一些工具按钮。这些面板被集合到面板组中，每个面板组都可以展开或折叠，并且可以和其他面板停靠在一起或取消停靠。面板组还可以停靠到集成的应用程序窗口中，这样就能够很容易地访问所需的面板，而不会使工作区变得混乱。如图2-16所示。

图 2-14 【Spry】插入栏

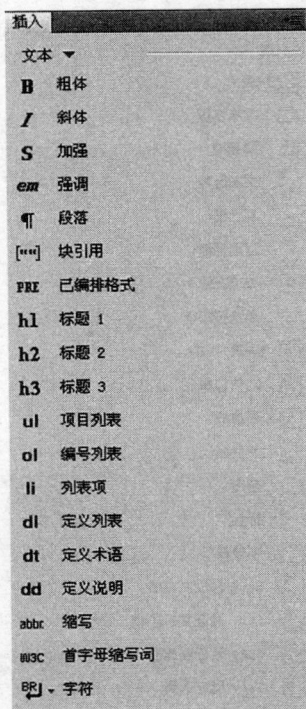

图 2-15 【文本】插入栏

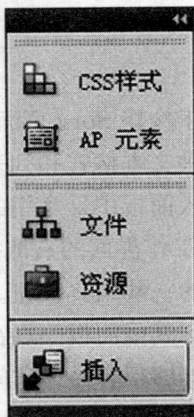

图 2-16 面板组

## 三、本地站点的规划

制作网站，首先要规划和创建自己的站点，就像建楼房一样，一定要规划好房间的结构。

**1. 站点的概念**

所谓站点，可以认为是网站文档与资源的集合，集合中的文档和资源按照链接建立一定的逻辑关系，并对资源进行分类管理。

**2. 站点的规划**

创建站点之前一定要先规划好自己的站点，将网站的各种资源分类，尽量保持结构清晰，便于对文件进行管理。例如，可以建立图片文件夹、音频文件夹、视频文件夹、模板文件夹、动画文件夹等，将各种资源存放到分类的文件夹中进行管理。

一个好的站点规划，有助于提高网站维护的效率，降低维护成本，有效防止文件管理的混乱。文件夹与文件的名称尽量采用英文或拼音，避免因中文所带来的地址无法正确显示等问题。

**任务实施**

**1. 站点的创建**

（1）启动 Dreamweaver CS4，在【欢迎界面】中的【新建栏】中选择【Dreamweaver 站点】，或者选择菜单栏【新建】｜【新建站点】，打开站点向导对话框，切换到【基本】选项卡，在【您打算为您站点起什么名字?】文本框中给自己的站点命名为"myFirstSite"，在"您的站点的 HTTP 地址（URL）是什么?"文本框中保持默认状态。如图 2-17 所示。

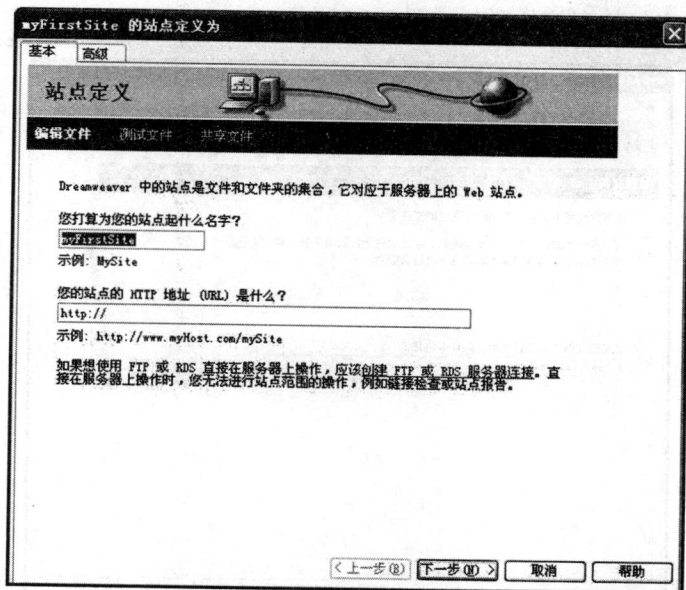

**图 2-17　输入站点名称**

（2）单击【下一步】按钮，选择是否使用服务器技术，选择【否，我不想使用服务器技术】选项。如图 2-18 所示。

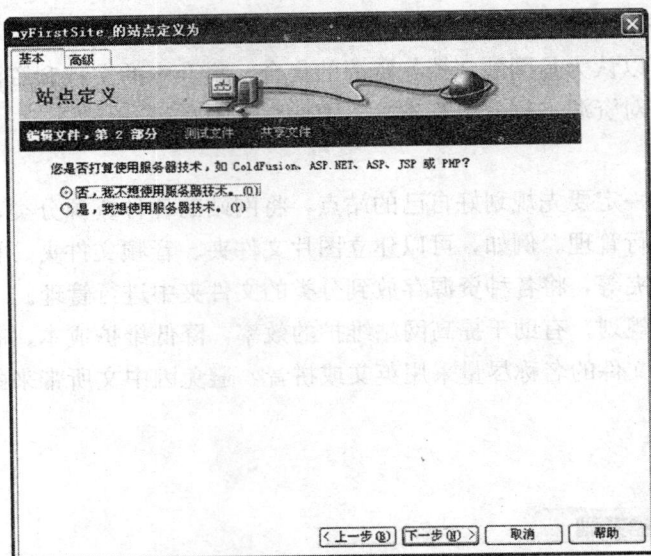

**图 2-18　选择不使用服务器技术**

（3）单击【下一步】按钮，设置如何使用文件，选择【编辑我的计算机上的本地副本，完成后再上传到服务器（推荐）】选项，再输入文件存储的路径，或者通过单击右边的按钮 📁，选择文件的存储位置。如图 2-19 所示。

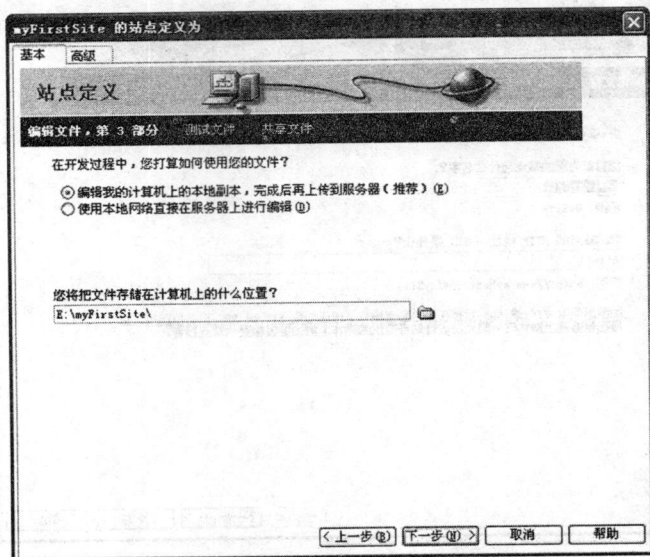

**图 2-19　选择文件存储位置**

（4）单击【下一步】按钮，在【您如何连接到远程服务器?】下拉列表中选择【无】

选项。如图 2-20 所示。

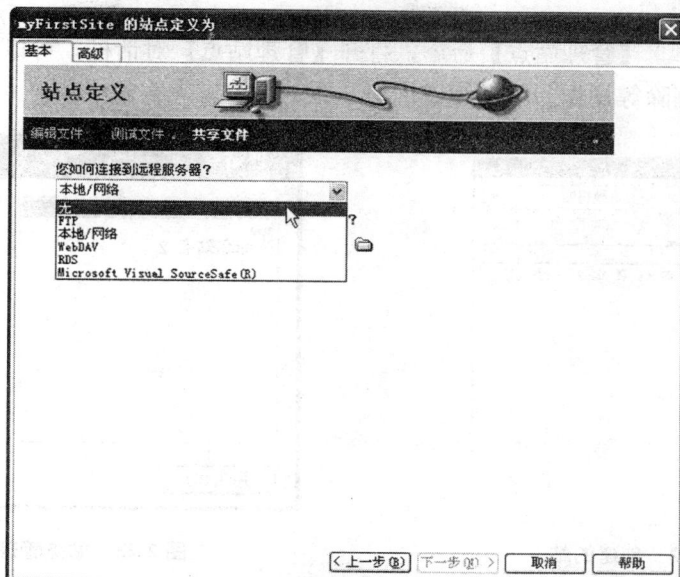

图 2-20 选择无远程服务器

（5）单击【下一步】按钮，查看创建站点的基本信息。如图 2-21 所示。

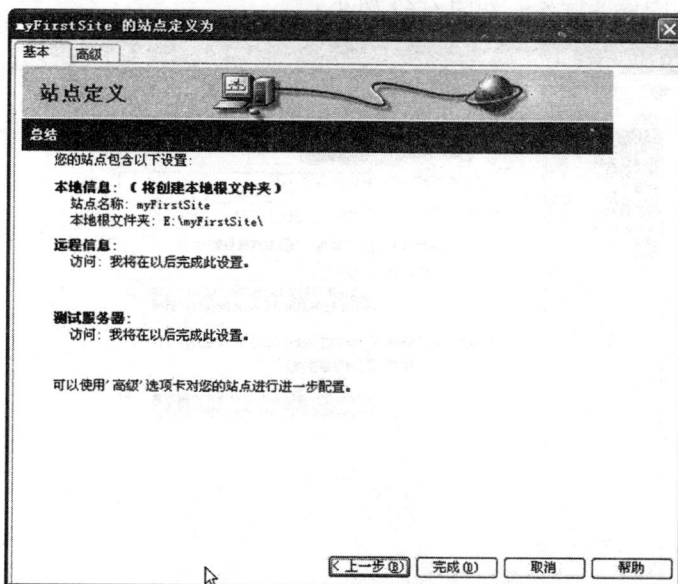

图 2-21 站点信息总结

（6）单击【完成】按钮，在右侧【文件】面板中显示了刚刚创建的站点结构。如图

2-22所示。

**2. 站点的管理**

选择【站点】│【管理站点】命令，打开【管理站点】对话框，可以对指定的站点进行新建、编辑、删除等操作。如图 2-23 所示。

图 2-22　创建的站点　　　　　图 2-23　站点管理面板

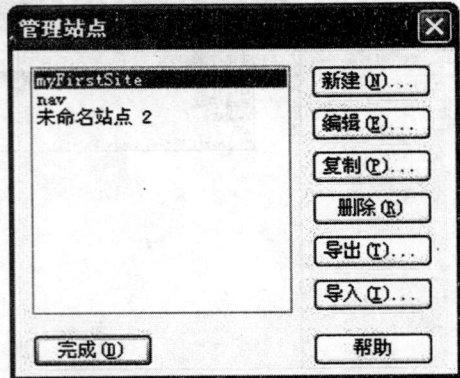

1）编辑站点

选择刚刚创建的"myFirstSite"站点名，选择【编辑】命令，再次弹出站点向导对话框，并切换到【高级】选项卡。在这里可以对创建站点时设置的参数进行重新的设定，并且可以指定网站的图像文件夹。如图 2-24 所示。

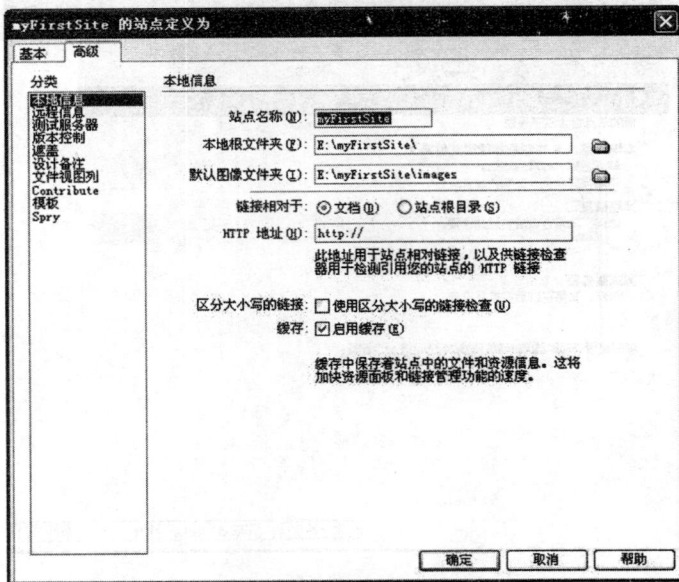

图 2-24　站点编辑对话框

2）复制站点

如果想创建结构完全一样的站点，可以直接复制已经存在的站点，这样可以提高用户的工作效率。如图 2-23 所示，选中已有站点，直接单击【复制】按钮即可。

3）删除站点

当不再需要某一个站点的时候，就可以及时地将其从列表中删除，如图 2-23 所示。选中要删除的站点，单击【删除】按钮，弹出删除确认对话框，单击"是"即可，如图 2-25 所示。

**图 2-25　删除确认对话框**

4）导入/导出站点

导出是将站点的定义信息记录在一个扩展名为". ste"的文件中单独进行存储。导入则是导出的逆操作，也可以一次操作多个站点。

5）创建文件夹

选择【窗口】｜【文件】命令，打开"文件/资源"面板组，在文件选项卡空白处右击，选择【新建文件夹】选项，创建一个名为"flash"的文件夹。如图 2-26 所示。

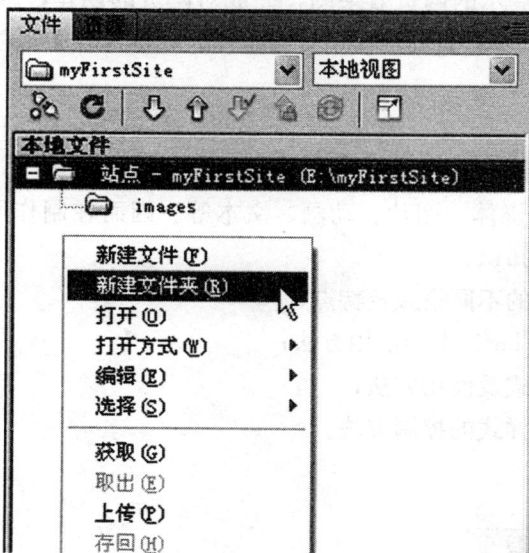

**图 2-26　创建文件夹**

至此，任务已完成，最终效果图如图 2-27 所示。

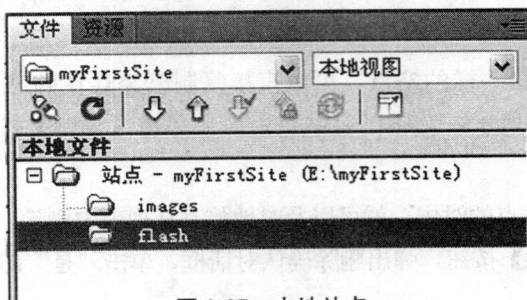

图 2-27　本地站点

**任务小结**

通过完成本次任务，初步掌握了 Dreamweaver CS4 的使用方法。

（1）熟悉了 Dreamweaver CS4 的操作环境；

（2）掌握了本地站点的创建与管理。

# 任务二　创建一个简单的网页

**任务提出**

依据要求，通过所展示的网页效果图，完成对网页的创建，掌握基本 HTML 页面的创建，并初步掌握在 HTML 页面中使用多种媒体，如图片、文本以及动画。

**任务分析**

网页中使用了多种媒体，图片、动画、文本等。因而在制作网页之前，必须掌握图片、动画和文本的相关知识。

（1）了解网页图片的不同格式及特点；

（2）掌握图片在 HTML 中的使用方法；

（3）掌握动画的格式及使用方法；

（4）初步掌握文本样式的控制方法。

**相关知识**

## 一、网页中的图像

图像作为网页构成的重要元素之一，其在网页中的作用是不言而喻的。如何在网页中用好图像，发挥其最大的优势，减少负面的影响是网页制作中不可忽视的一部分。

图像大致可以分为位图与矢量图两类，而在网页中使用的图像大部分为位图图像。在这里并不去讨论矢量图和位图的区别，也不准备花大量的时间去讨论所有图像格式的优点和缺点。这里只介绍三种在网页中十分常见的图像格式，并讨论它们的优缺点。

1）JPEG（jpg）

JPEG 图像以 24 位颜色存储单个光栅图像，简单地说，它是位图的一种，是一种经过压缩的图像格式。

**优点**：支持的颜色数量多，显示图像色彩鲜艳丰富，能较好地显示出图像的实际效果。

**缺点**：压缩以质量为代价，因而显示图像色彩越丰富，图像体积就越大；反之亦然。

2）GIF 图像

这是一种压缩比更高的图像格式，它一般只支持 256 种颜色，因而在表现彩色艳丽的图像时往往会失真。

**优点**：图像体积小，便于在网络中传输和下载。

**缺点**：色彩表现有限，不利于表现丰富的色彩效果。

3）PNG

与 JPEG 格式类似，网页中很多图像都是这种格式，支持图像的透明。

**优点**：能更好地表现色彩，并支持图像的透明。

**缺点**：体积比一般格式图像更大，并且 8 位以上的 PNG 在 IE6 中无法实现透明。

## 二、网页中的动画

动画作为新生代的媒体，在网页中越来越多地被使用到，大到整个网页，小到一个广告，到处都可以看到动画的身影。毕竟，相比其静态的元素来说，动画能以更加生动的方式传递信息。网页中常用的动画格式有以下两种。

1）GIF 动画

严格来说，GIF 还算不上一种动画格式，它更像是一种图像格式。GIF 动画只能表现非常简单的动画效果，实际上就是一种图像的切换动画。

**优势**：兼容性强，体积小，制作简单。

**缺点**：动画表现简单，颜色支持较少。

2）SWF

SWF 文件通常也被称为 Flash 文件。SWF 普及程度很高，现在超过 99％的网络使用者都可以读取 SWF 档案。

**优势**：支持矢量和点阵图，动画表现更加丰富多彩。

**缺点**：浏览器必须安装 Adobe Flash Player 插件，兼容性欠佳。

**任务实施**

创建好站点之后，就可以开始制作网页了，我们从创建一个简单的 HTML 文档开始，将文档中需要用的图片和动画分别放到站点下的 images 和 flash 文件夹下，如图 2-28 所示。

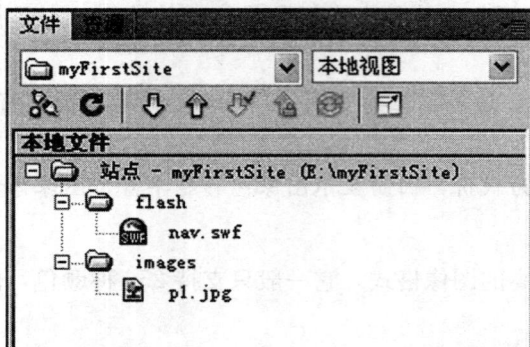

图 2-28　本地站点视图

### 1. 新建并保存 HTML 空白网页文档

（1）启动 Dreamweaver CS4，在【欢迎界面】中选择【新建】｜【HTML】或者在菜单栏中选择【文件】｜【新建】｜【HTML】命令创建一个空白的网页文档，窗口标题栏默认显示的是 "Untitled-1"，如图 2-29 所示。

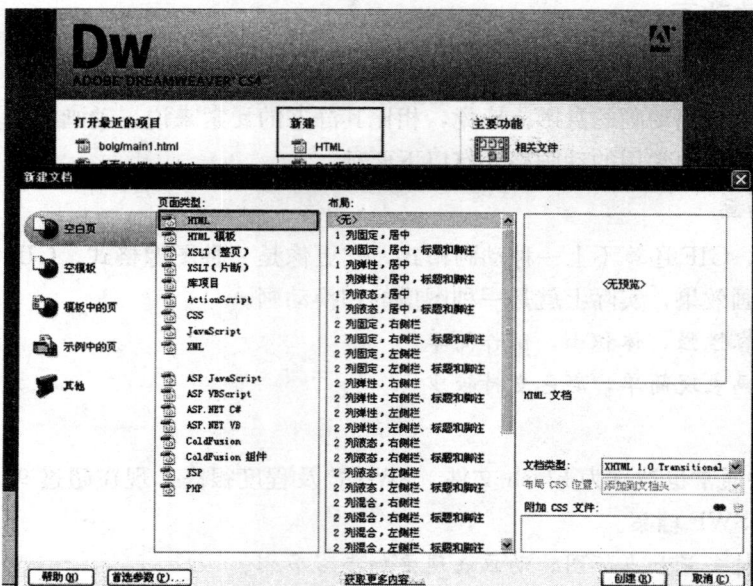

图 2-29　"新建文档"对话框

（2）选中【文件】｜【保存】命令，在弹出的"另存为"对话框中输入文件名为"index"，并且我们可以发现，此时文件默认的存储位置为站点文件夹，单击【保存】按钮即可，如图 2-30 所示。

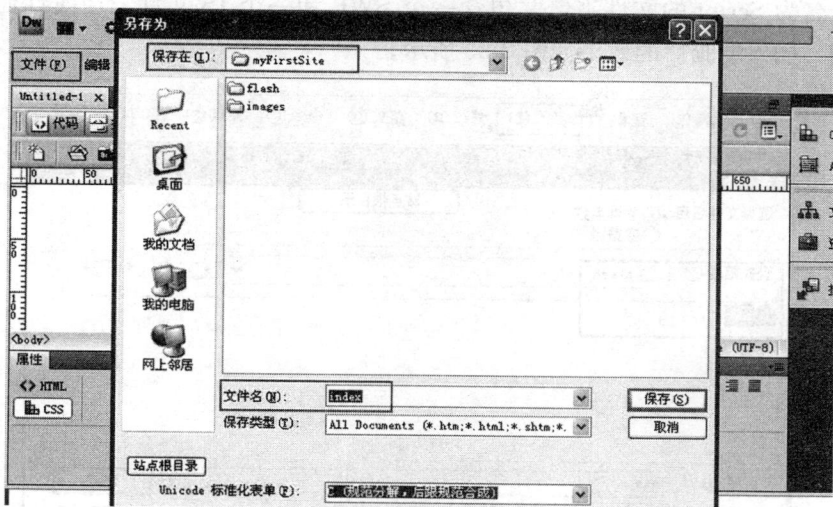

**图 2-30　保存网页**

### 2. 编辑 HTML 文档

（1）切换到 index. html 文档的【设计】视图，在文档中直接输入文本"这是我的第一个网页"，选中输入的文本，在下方的属性面板中将选项卡切换到【CSS】，在选项中设置对齐方式为【居中对齐】，字体为【黑体】，字号为【36px】，字体颜色为【红色（#F00）】，如图 2-31 所示。

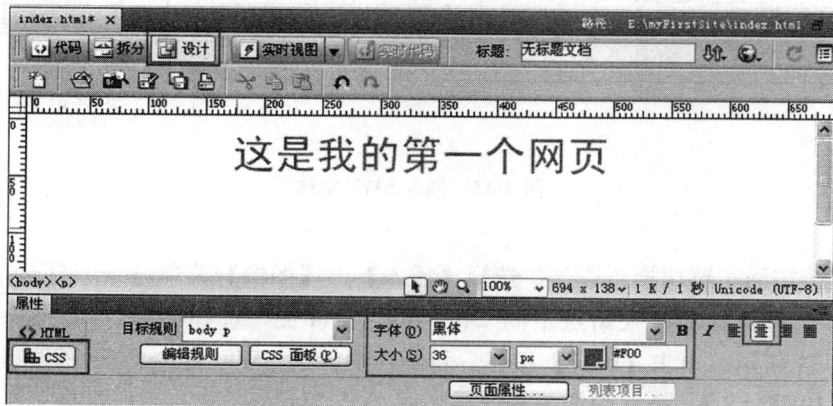

**图 2-31　文本属性设置**

（2）按回车键切换段落，选择【插入】│【媒体】│【SWF】菜单命令，打开【选择文件】对话框，双击进入站点中的 flash 文件夹，选择命为 "nav.swf" 的文件，如图 2-32 所示。单击【确定】按钮，将准备好的 SWF 文件插入到文档中，此时会在站点文件夹中生成一个名为 Script 的文件夹，并包含一个 SWF 和一个 JS 文件，在属性面板中设置【居中对齐】，插入动画后的效果如图 2-33 所示。

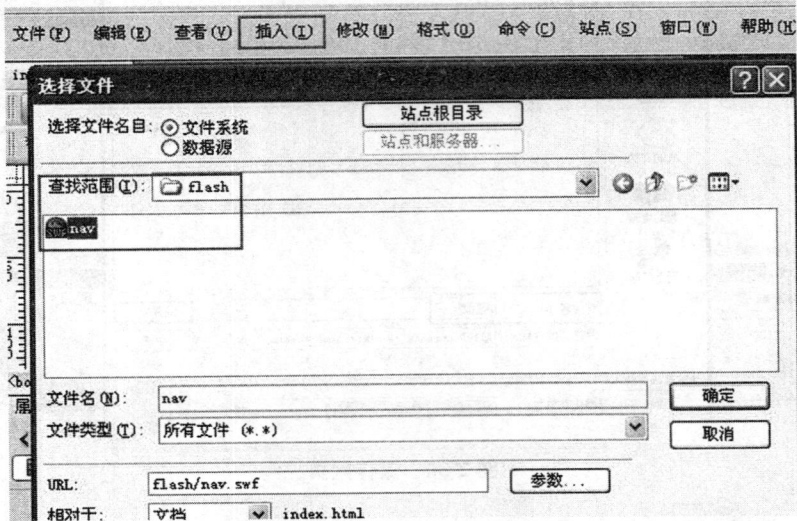

图 2-32　选择文件对话框

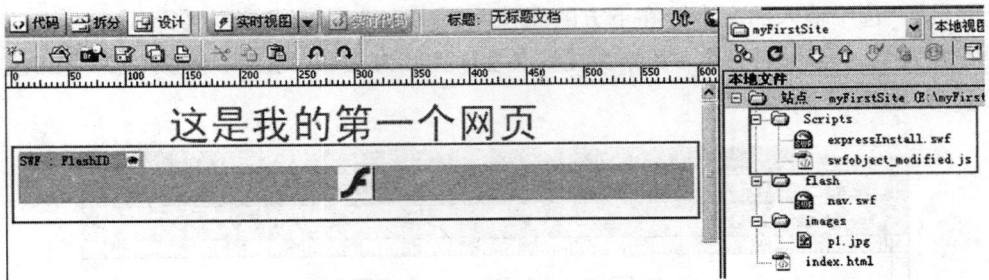

图 2-33　插入 SWF 文件

（3）继续按回车键切换新段落，选择【插入】│【图像】菜单命令，打开【选择图像源文件】对话框，双击进入站点中的 "images" 文件夹，选择命为 "p1.jpg" 的图片文件，如图 2-34 所示。单击【确定】按钮，将图片插入到 SWF 文件的下一行，并在属性面板中设置【居中对齐】，插入图像后的效果如图 2-35 所示。

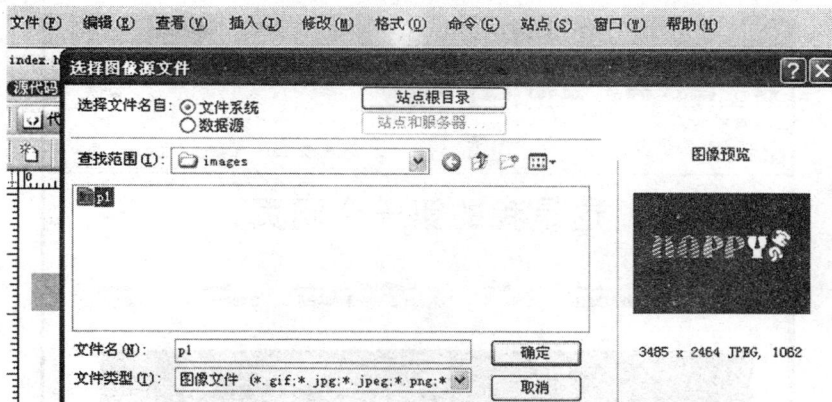

图 2-34　选择图像文件对话框

图 2-35　插入图像

**3. 保存并浏览网页**

（1）选择【文件】｜【保存】菜单命令，或者用快捷键 Ctrl＋S 完成保存操作。

（2）选择【文件】｜【在浏览器中预览】菜单命令，选择一种浏览器进行网页浏览，或者利用快捷键 F12 直接调用默认浏览器，也可以利用工具栏上的【在浏览器中预览/调试】按钮来浏览网页。本例最终效果如图 2-36 所示。

图 2-36    最终效果

**任务小结**

通过本次任务，初步掌握了 Dreamweaver 的使用方法。

（1）进一步熟悉了 Dreamweaver 的操作环境；

（2）掌握了 HTML 页面的创建与编辑；

（3）初步掌握了图片和动画在 HTML 文档中的运用。

# 项目拓展实训

## 一、实训名称

简单个人网页的制作。

## 二、实训目的

（1）学会站点的创建与管理；

（2）学会网页的创建与管理；

（3）初步掌握媒体在 HTML 文档中的运用。

## 三、实训要求

（1）掌握网站设计的流程，能根据所选的主题寻找合适的素材；

（2）能将获取的素材正确地运用到网页中来。

## 四、实训条件

Dreamweaver CS4、IE 浏览器 （Internet Explorer8.0）、火狐浏览器 （Firefox7.0）、谷歌浏览器 （Chrome14.0）。

## 五、实训内容

创建一个简单的网页（参照图 2-37），要求包含文本、图片、Flash 动画等元素，并能在浏览器中正常显示。

图 2-37　项目拓展实训

# 项目三 XHTML 基础

项目三将以创建一个简单的房地产公司网页为例，从 HTML 到 XHTML 的发展及语法规范等方面来学习 XHTML 的基础知识。案例效果如图 3-1 所示。

图 3-1　某房地产公司网站首页

## 【学习目标】

(1) 掌握 HTML 的概念及发展；

(2) 掌握 XHTML 的概念及作用；

(3) 掌握 HTML 与 XHTML 的区别；

(4) 掌握常见的标签作用及使用方法；

(5) 掌握用 XHTML 创建网页的方法。

# 任务一　网页文档的基本结构

**任务提出**

依据要求，学习 XHTML 的相关知识，完成网页文档基本结构的认识，并学会对网页的标准性进行校验。

**任务分析**

要学会网页的制作方法，熟练掌握 XHTML 的运用是必不可少的。通过本次任务，我们必须了解和掌握 XHTML 的语法，初步掌握网页文档的基本结构和页面文档标志性的校验方法。

（1）了解 XHTML 的概念及基本语法；
（2）掌握网页文档的基本结构；
（3）理解 Web 标准的真正含义；
（4）掌握页面文档的校验方法。

**相关知识**

XHTML 是一种结构化的标准建站语言，它是在 HTML4.0 的基础上，用 XML 的规则对其进行了扩展而最终得到的。说得更简单一些就是，XHTML 是一种更加严格、更加规范、更加符合建站标准的 HTML 语言。因而，要理解 XHTML，必须首先对 HTML 和 XML 有一个初步的认识。

## 一、认识 HTML

### 1. HTML 的概念

HTML 是超文本标签语言（Hyper Text Markup Language）的缩写，是一种专门为网页文档设计的一种标签语言。从 1990 年开始，HTML 就被用做 WWW 的信息表示语言。HTML 不像其他程序语言（如 C 语言、C♯、Java 等），它只是一种描述文档结构的标签语言，或者说它是一种网页格式，利用 HTML 就可以方便地创建一个网页文档。

### 2. HTML 的编写方法及显示原理

HTML 是一种标签语言，所以它是一种纯文本的格式，可以利用任何文本编辑器来书写 HTML，如记事本、写字板，甚至是本课程所学习的 Dreamweaver CS4 等，从而实现网页的制作。当编写完 HTML 后，保存为 HTML 文档格式，利用 Web 浏览器，就可以将 HTML 解析成可视化的对象，这也就意味着，我们在网页文档中创建的任何一个可视化的元素，都能找到一个 HTML 标签与之对应。例如，当在一个网页文档中插入一张图片的时候，就会自动生成一个标签＜img＞，这便是 HTML 标签语言，通常也称标签为标记，如图 3-2 所示。

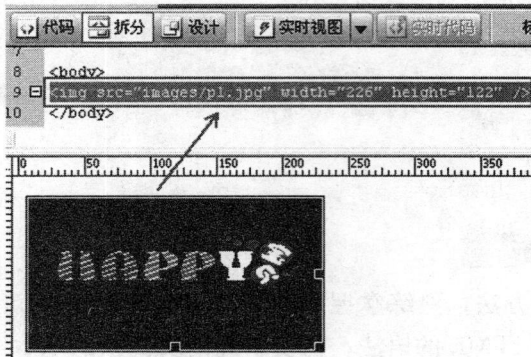

图 3-2  HTML 标签

## 二、认识 XML

XML 是可扩展标识语言（The Extensible Markup Language）的简写，XML 是一种能定义其他语言的语言。XML 最初设计的目的是弥补 HTML 的不足，以强大的扩展性满足网络信息发布的需要，后来逐渐用于网络数据的转换和描述。

可以这样简单的认为：XML 实际上一种比 HTML 更加严格，功能更加强大，语法更加规范的语言。如图 3-3 所示便是自定义的一段 XML 文档片段。

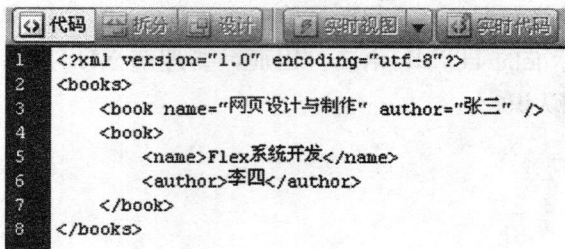

图 3-3  XML 片段

## 三、从 HTML 转向 XHTML

在初步认识了 HTML 与 XML 之后，会提出这样一个疑问：HTML 与 XML 究竟和 XHTML 之间是怎么样一种关系呢？从前面的概念我们并不难理解。

传统的网站或者说早期的网站，在前台展现方面是失败的，毫无层次感；同时，前台工作人员直接将服务器脚本和 HTML 几乎毫无规律地混合起来。HTML 构建的结构不易于维护，且由于是早期的描述性语言，因而在功能上也是十分欠缺的。随着技术的进步，网站的构建已经逐步走向标准化建站，直至最后利用 XML 来对数据和结构进行描述，但是早期的网站数量庞大，且从 HTML 到 XML 过渡是具有一定难度的，在这样的一种环境下，XHTML 就出现了。所以，XHTML 可看做是从 HTML 到 XML 的过渡语言。

## 四、XHTML 基本语法

XHTML 是一种更加严格的 HTML，在语法上与 HTML 有很多相似之处，但对于无法满足当前建站需求的 HTML 标记语言我们不想过多地去讨论，也没有必要再去认识它。

XHTML 的语法主要由标签符（Tag）和属性（Attribute）组成。所有标签符都由一对尖括号"＜"和"＞"组成。

### 1. 一般标签

一般标签由一个起始标签和一个结束标签组成，其语法格式为：

＜ x＞ 作用内容＜ /x＞

其中，"x"代表标签名称，＜ x＞ 为起始标签，＜ /x＞ 为结束标签，结束标签前应该包含一个斜杠。例如，要实现斜体字，可以使用＜ i＞ 这里是斜体字内容＜ /i＞ ，每一个标签都有对应的作用。

在标签中可以附加一些属性，用于实现一些特殊功能和效果。属性一般写在起始标签中，大多数的起始标签都可以包含属性，但并不是必需的，也可以不写，即使用默认值。一个起始标签可以使用多个属性，属性间用空格分隔，属性值要加双引号，其语法形式如下：

＜ x a1= "m1" a2= "m2" …. an= "mn" ＞ 作用内容＜ /x＞

### 2. 空标签

我们所见的大部分标签都应该是成对出现的，但是也有一些标签起始与结束都是用一个标签完成，这些单独存在的标签称为空标签。其语法形式如下：

＜ x a1= "m1" a2= "m2" …. an= "mn" /＞

常见的空标签有换行标签＜br /＞，水平线标签＜hr /＞，图像标签＜img /＞等。

**在书写和使用 XHTML 标签的时候，务必要注意的几点规定：**

（1）所有的标签和标签属性都必须是小写的，但是属性值可以大写。因为 XHTML 文档是 XML 文档的一种，对大小写是十分敏感的，例如＜br＞和＜BR＞就是 2 种不同的标记，对属性的要求也是如此，例如：

错误的写法：＜IMG WIDTH＝"1000" /＞

正确的写法：＜img width＝"1000"/＞

（2）标签名与左尖括号之间不能有空白。如＜　body＞就是错误的。

（3）属性一定要定义在开始标签中，且属性之间一定要用空白隔开，不能连在一起写。例如：

错误的写法：＜img width＝"1000"height＝"1000"/＞

正确的写法：＜img width＝"1000"　height＝"1000"/＞

(4)标签之间不允许交叉嵌套排列，但可以包含和并列。例如：

　错误的写法：<tr> <td> 在 XHTML 中不能交叉 </tr> </td>

　正确的写法：<tr> <td> 在 XHTML 中不能交叉　</td></tr>或者

　　　　　　　<tr></tr> <td>在 XHTML 中不能交叉　</td>

(5)所有的标签都必须关闭，空标签也需要关闭。如<br>就是不规范的写法，应该写为<br />。

**任务实施**

### 1. 认识网页文档声明 DOCTYPE

利用 Dreamweaver 新建一个 HTML 空白文档，切换到【代码】视图，可以发现页面中默认存在一些 XHTML 标签，而默认的第一行代码，便是文档声明 DOCTYPE，剩下的 XHTML 标签表示一个标准的空白网页文档的基本结构，如图 3-4 所示。

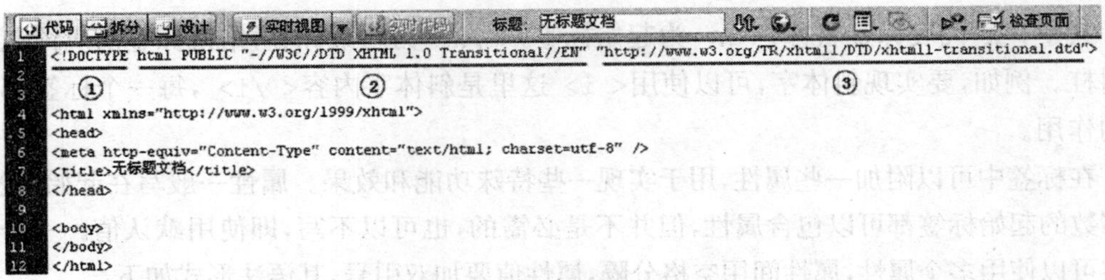

图 3-4　文档声明 DOCTYPE

文档声明<! DOCTYPE>位于文档中的最前面的位置，处于 <html> 标签之前。此标签可告知浏览器文档使用哪种 HTML 或 XHTML 规范。在上面的声明中我们可以看出，声明大致由 3 部分组成，

① 表示文档声明标签，由"!"和单词"DOCTYPE"组成。

② 声明了文档的根元素是 html，它在公共标识符被定义为"-//W3C//DTD XHTML 1.0 Transitional//EN"的 DTD 中进行了定义，浏览器将明白如何寻找匹配此公共标识符的 DTD。

③ 如果②找不到 DTD，浏览器将使用③后面的 URL 作为寻找 DTD 的位置。

**注意**：① 要建立符合 Web 标准的网页，DOCTYPE 声明是必不可少的关键组成部分，除非 XHTML 确定了一个正确的 DOCTYPE，否则标识和 CSS 都不会生效；②DOCTYPE 声明并不属于 XHTML 文档的一部分，也不是一个元素，所以没有结束标签；③ 正确的文档声明可以帮助规范 XHTML 标签的使用，减少页面出现不必要的错误。

### 2. 认识 DTD

在文档声明中，多次提到 DTD 这样的一个概念，那么，什么是 DTD 呢？

1) DTD 的概念

DTD 是一套关于标记符的语法规则。它是 XML1.0 版规格的一部分，是 HTML 文件

的验证机制，属于 HTML 文件组成的一部分。

　　DTD 是一种保证 HTML 文档格式正确的有效方法，可以通过比较 HTML 文档和 DTD 文件来看文档是否符合规范，元素和标签使用是否正确。一个 DTD 文档包含：元素的定义规则，元素间关系的定义规则，元素可使用的属性，可使用的实体或符号规则。

　　总结以上的概念，我们大致可以理解为，DTD 是一个包含了相关规则的文件，通过这个文件，我们可以检查所创建的网页文档是否标准、正确。

　　2）DTD 的类型

　　DTD 一般都是定义在文档声明 DOCTYPE 中，可声明三种 DTD 类型，分别表示严格版本、过渡版本以及基于框架的 HTML 文档。我们在创建 HTML 文档的时候是可以选择的，如图 3-5 所示。

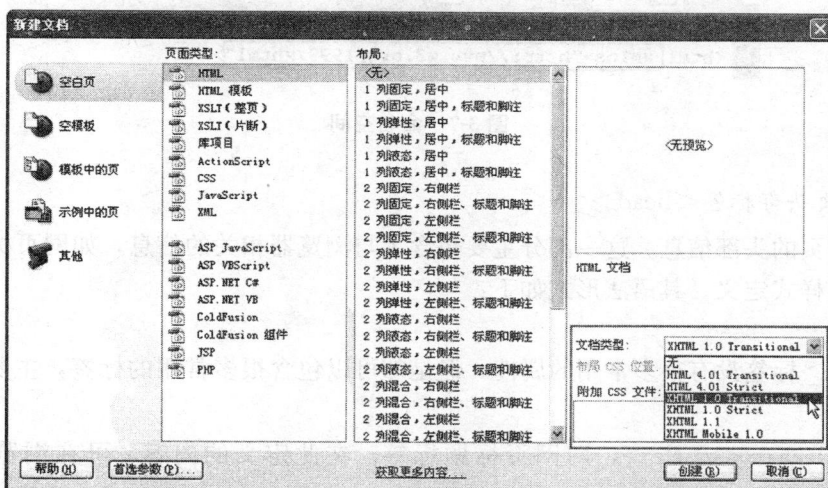

图 3-5　文档类型选择

　　①严格类型 Strict：在保证 XHTML 标签规范的前提下，不允许在标签中使用属性，所有的表现必须由 CSS 层叠样式表来实现。

　　②过渡类型 Transitional：这种类型通常是我们创建 HTML 文档的默认类型，它相对宽松，允许在 CSS 层叠样式表不起作用时使用标签属性来代替。

　　③框架类型 Frameset：此类型通常是用于框架网页的定义。

　　例如，图 3-6 显示三种 DTD 在 DOCTYPE 中的声明方式。

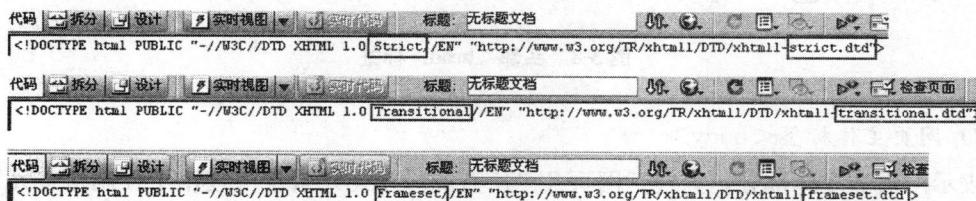

图 3-6　DTD 的三种类型

**3. 网页文档的主体结构**

HTML 文档的主体结构由<html>、<head>和<body>三个标签组成。从图 3-3 不难看出，除开文档声明部分，剩下的分成了三部分。

1）网页文档标签<html>

表示 HTML 文件的起始和终止，包含整个文档的内容。其语法形式如下：

< html> …< /html>

<html>标签默认包含一个属性：

xmlns，即命名空间，用于收集元素类型和属性名字的详细的 DTD。命名空间声明允许通过一个 URL 绝对地址指向来识别命名空间。如图 3-7 所示。

**图 3-7　命名空间**

2）网页头部标签<head>

表示网页的头部信息。这一部分主要包含了与浏览器相关的信息，如网页标题、meta信息、CSS 样式定义。其语法形式如下：

< head> …< /head>

<head>标签没有很多常用的属性，但是却可以包含很多常用的标签，主要包含的标签有：

①<title>…</title>，即网页标题标签，在此定义的内容，可在浏览器标题栏看见。

②<meta>，此标签不包含任何内容。它提供有关页面的元信息（meta-information），比如提供 HTML 网页的字符编码、作者、自动刷新等多种信息。<meta>标签的一个很重要的功能就是设置关键字来帮助主页被各大搜索引擎登录，提高网站的访问量。

<head>标签具体使用形式如图 3-8 所示。

```
<head>
<meta http-equiv="Content-Type" content="text/html; charset=utf-8" />
<meta name="description" content="网页设计与制作教程" />
<meta name="keywords" content="HTML,css,div" />
<meta name="author" content="郑伟" />
<title>My First Web</title>
</head>
```

**图 3-8　头部<head>标签**

3）网页主体标签<body>

表示网页的主体部分，它包括网页几乎所有的可视化元素及一些用于控制这些元素的标签。其语法形式如下：

< body> …< /body>

＜body＞标签常用的属性有：

①bgcolor，用于设置 HTML 网页的背景颜色，例如＜body bgcolor＝"＃F00"＞表示将背景设置为红色。

②background，用于设置 HTML 网页的背景图片，例如＜body background＝"p1.jpg"＞表示将图片 p1.jpg 设置为 HTML 网页的背景。

③text，用于设置整个网页的文本颜色，例如＜body text＝"＃0F0"＞，将网页里的所有文本设置为红色。

④topmargin、leftmargin、rightmargin、bottommargin，网页边距，用于设置网页主体与浏览器四周的距离。例如，＜body topmargin＝"0"＞设置页面顶部的边距为 0，此时页面紧贴顶部。

我们在网页内所使用的所有的媒体标签都包含在＜body＞…＜/body＞里面。例如，在网页里面写一行文本，并插入一张图片，所有对应的标签都会自动生成在＜body＞…＜/body＞里面，如图 3-9 所示。

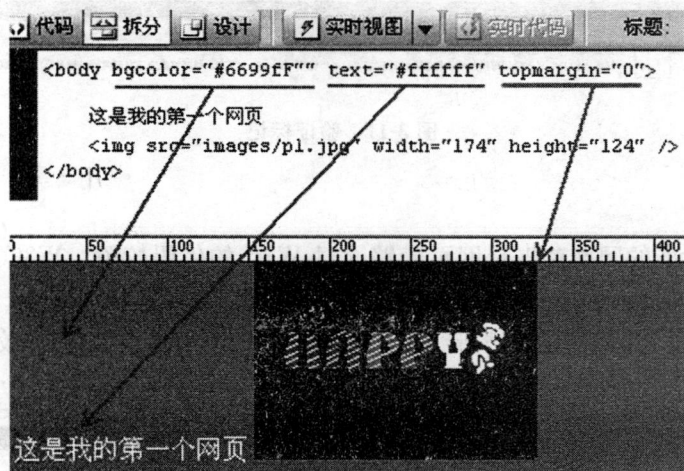

图 3-9　body 标签

### 4. 文档校验

尽管 DTD 文档对 XHTML 标签做了规范，但是在网站的制作过程中仍会不可避免地出现书写上的错误。因此，为了保证页面的完整性与标准性，需要对页面进行校验，主要有以下几种方法：

1）本地标记验证

这种方式可以在本地对文档中的标签书写格式进行验证，不符合标准的便会在【验证】面板提示错误。例如，图 3-9 所示代码，我们将＜img＞标签从小写改为大写＜IMG＞，将＜/body＞标签删除，如图 3-10 所示。

```
<body>
这是我的第一个网页
<IMG Src="images/pl.jpg" width="153" height="91" />

</html>
```

**图 3-10  修改后的代码**

很明显，按照 XHTML 基本语法，这里出现了问题，但是随着内容的增多和不停的修改，很难找到问题的所在。此时，单击【验证标记】按钮，对整个文档进行验证，此时便会在【验证】面板中提示问题所在，如图 3-11 所示。

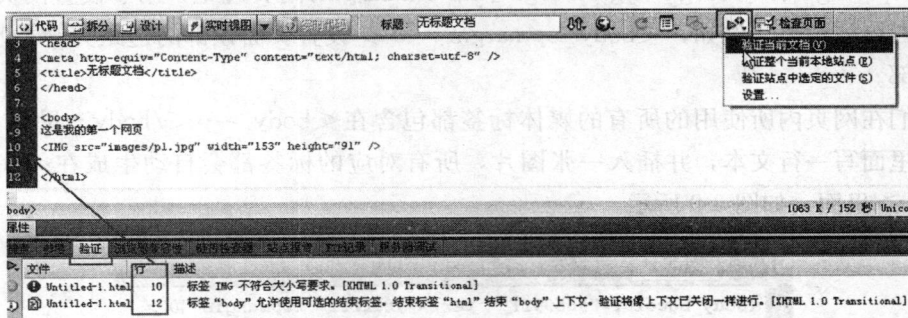

**图 3-11  验证标记**

### 2）在线校验

符合 Web 标准的网站首先是网页能够通过 W3C 的代码校验。W3C 提供了一个帮助使用者校验自己网站各个方面语法的程序，校验网址为 http://validator.w3.org/。

在线校验提供 2 种方式进行校验，一种是输入自己的网站地址进行校验，另外一种就是上传自己的网页文件进行校验，如图 3-12 所示。

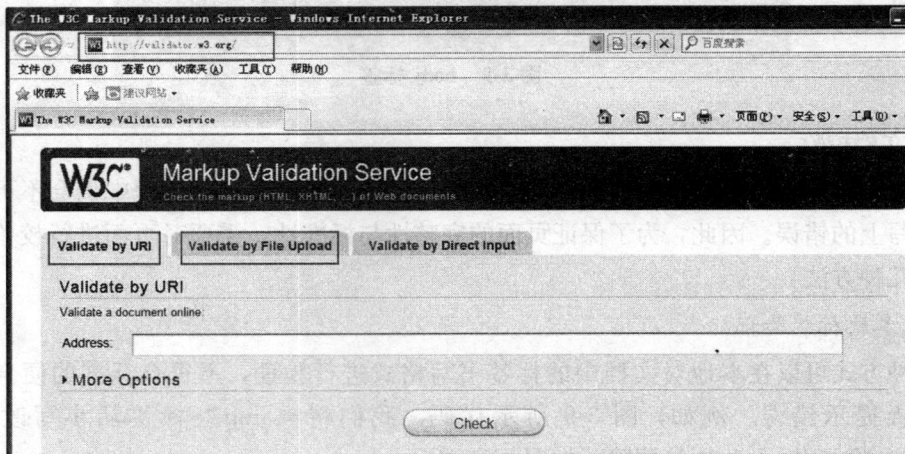

**图 3-12  在线校验**

如果验证成功，则会显示如图 3-13 所示页面。

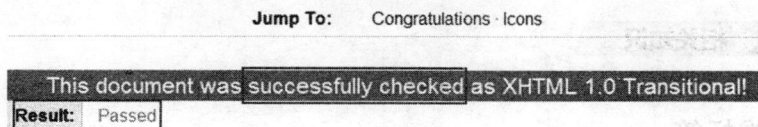

**Jump To:**　Congratulations · Icons

This document was successfully checked as XHTML 1.0 Transitional!

**Result:**　Passed

图 3-13　校验成功

如果校验失败，则会显示更多的校验选项和错误信息。

**任务小结**

通过本次任务，初步掌握了 XHTML 相关的基础知识。

（1）掌握了 XHTML 的概念及基本语法；

（2）掌握了 HTML 页面的基本结构；

（3）初步掌握文档的校验方法。

# 任务二　页面内容制作与布局

**任务提出**

依据要求，学习 XHTML 的相关知识，完成对网页元素的布局，完成地产公司网页的制作任务。

**任务分析**

在了解了网页文档的基本结构和 XHTML 的基础后，就可以开始制作网页了，但要想灵活地实现网页元素的使用和控制，就必须先学习一些常用的标签。

（1）掌握段落格式标签的使用；

（2）掌握字符格式标签的使用；

（3）掌握列表标签的使用；

（4）掌握链接标签的使用；

（5）掌握表格标签的使用；

（6）掌握多媒体标签的使用；

（7）掌握表单标签的使用。

**相关知识**

## 一、区段格式标签

此类标签的主要作用是将 HTML 文档中的某个段落文本以特定的格式显示，增强文件的可读性。主要包含以下一些标签：

**1. 标题标签 ＜hn＞…＜/hn＞**

＜hn＞标签用于设置网页中各个层次的标题文字，被设置的文字将以黑体显示，并自成段落。hn 共分为六层，n 只能取 1～6 的正整数，h1 表示最大的标题，h6 表示最小的标题。其语法格式举例：

＜ h3 align= " center" ＞ 这里是文章标题＜ /h3＞

属性说明：

align 属性用于设置标题的对齐方式，其值为 left（默认）；center；right。

**2. 段落标签 ＜p＞…＜/p＞**

默认情况下，网页浏览器将以无格式的方式显示 HTML 文档中的文本。要将文本划分段落就必须使用段落标签＜p＞，包含在此标签中的文本才具备段落格式与属性。其语法格式举例：

＜ p align= " center" ＞ 这是一个段落＜ /p＞

属性说明：

align 属性用于设置段落文字的对齐方式，其值为 left（默认）；center；right。

**3. 换行标签 ＜br /＞**

＜br/＞标签可以在此标签的前后部分内容之间强制换行。与＜p＞不同，段落标签是换段，前后内容之间会产生空白行，而＜br/＞标签不会留空白行，此标签为一个空标签。

**4. 水平线标签 ＜hr /＞**

此标签为一个空标签，可以在文档中画出一条水平直线。其语法格式举例：

＜ hr width= "80% " align= "left" size= "2" color= "# FF0000" /＞

属性说明：

①width：设置水平线的宽度，属性单位为像素或％，如 width＝ "100"。

②align：设置水平线的对齐方式，取值 left；center；right。

③size：设置水平线的粗细，属性值为整数，单位为像素。

④color：设置水平线的颜色，默认为黑色。

**5. 预格式化标签 ＜pre＞…＜/pre＞**

此标签的作用是按原始代码的排列方式显示内容。通常情况下，浏览器会忽略内容中的空白及换行，而＜pre＞标签中的空白及换行都会保留下来。

**6. 地址标签 ＜address＞…＜/address＞**

此标签主要用于标注联络人姓名、电话、地址等信息，用其标注的文本默认为斜体。但并不意味着只有此标签才能实现，从语义上来说，地址标签更适合用于联系方式等信息的标注。其语法格式举例：

＜address＞南昌市青云谱区迎宾大道气象路58号 330043＜/address＞：

**7. 块引用标签 ＜blockquote ＞＜/blockquote＞**

此标签主要用于创建一个区域，引用大段超长的文本，使用此标签包含的文本具有一定的段落格式，左右两边有缩进。其语法格式举例：

＜blockquote＞这里将会引用一段的的文章………. 这里是一大堆文章＜/blockquote＞

区段格式标签的综合应用实例如图 3-14 所示，效果如图 3-15 所示。

```
1  <!DOCTYPE html PUBLIC "-//W3C//DTD XHTML 1.0 Transitional//EN" "http://www.w3.org/TR/xhtml1/DTD/xhtml1-transitional.dtd">
2  <html xmlns="http://www.w3.org/1999/xhtml">
3  <head>
4  <meta http-equiv="Content-Type" content="text/html; charset=utf-8" />
5  <title>My First Web</title>
6  </head>
7  <body>
8  <h1>这是我做的第一个网页</h1>
9  <hr width="100%" size="1" color="#FF0000" />
10 <blockquote>
11     <p>这是我做的第一个网页啊<br />这是我做的第一个网页啊</p>
12     <p>这是我做的第一个网页啊<br />这是我做的第一个网页啊</p>
13 </blockquote>
14 <address>
15     <pre> 用户服务信箱  南昌市青云谱区迎宾大道气象路58号 江西信息应用职业技术学院</pre>
16 </address>
17 </body>
18 </html>
```

图 3-14  区段格式标签

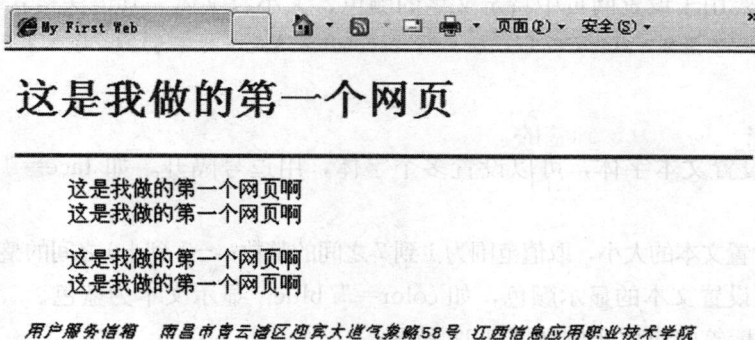

图 3-15  区段格式标签应用效果

## 二、字符格式标签

字符格式标签用来改变 HTML 文档文字的外观，增强文本的可读性，主要包含以下标签：

**1. 文字样式标签**

这并不是某一个标签，而是一组专门用于设置特殊文字样式的标签

①…：加粗字标签，此标签中的文本会产生加粗效果。

②<i>…</i>：斜体字标签，此标签中的文本会产生斜体效果。

③<u>…</u>：下划线标签，此标签中的文本会加下划线。

④<big>…</big>：大号文字标签，此标签中的文本显示时会加大。

⑤<small>…<small>：小号文字标签，此标签中的文本显示时会缩小。

⑥…：粗体标签，用于特别强调，显示粗体字。

⑦<sup>…</sup>：上标文字标签，此标签中的文本以上标字显示。

⑧<sub>…</sub>：下标文字标签，此标签中的文本以下标显示。

文字样式标签综合应用实例如图 3-16 所示，效果如图 3-17 所示。

```
<pre>

<b>这是一行加粗的文本</b>

<i>这是一行斜体文本</i>

<u>这是一行加了下划线的文本</u>

<small>这是一行缩小的文本</small>

<strong>这是一行粗体文本</strong>

<big>x</big><sub>2</sub>+<big>y</big><sub>2</sub>=1

</pre>
```

**这是一行加粗的文本**

*这是一行斜体文本*

这是一行加了下划线的文本

这是一行缩小的文本

**这是一行粗体文本**

$x_2+y_2=1$

图 3-16　文字样式标签　　　　　　　图 3-17　文字样式标签应用效果

## 2. 文字格式标签 <font>…</font>

此标签主要用于设置网页中特定文字的颜色、大小、字体。其语法格式举例：

< font face= " 黑体" size= "4" color= "# FF0000"> 这是一行字号 24，字体黑体的红色文字< / font>

属性说明：

①face：设置文本字体，可以设置多个字体，用逗号隔开，如 face＝" 黑体，宋体，华文行楷"。

②size：设置文本的大小，取值范围为 1 到 7 之间的整数；－1 到＋6 之间的整数，0 值不取。

③color：设置文本的显示颜色，如 color＝" blue" 显示文本为蓝色。

文字格式标签的应用实例如图 3-18 所示。

```
代码  拆分  设计  实时视图  实时代码    标题: My First Web
<body>
<font size="+2" color="#0000FF" face="华文琥珀, 黑体, 华文中宋, 宋体">这里是文字格式的改变</font>
</body>
```

这里是文字格式的改变

图 3-18　文字格式标签

**注意**：<font>不是 W3C 推荐的元素，建议不要使用，如要改变文本格式，尽量使用 CSS 样式来代替。例如＜style＝" font－family：'宋体'；font－size：24px；color：＃f00" ＞设置文本的字体、大小和颜色。

## 三、列表标签

列表标签属于块级元素，在 Web 标准建站中使用得非常频繁，主要用于重复表现具有相同格式的一类对象，如文本、段落等，因而列表也通常被拿来制作导航、新闻发布、友情链接等。列表包含以下标签。

**1. 无序列表标签＜ul＞…＜ /ul＞**

＜ul＞称为无序标签或项目列表标签，列表中每一项的前面会加上一些符号，默认的有三种：●、○或■。当然也可以使用其他符号甚至是图片来代替，这需要利用 CSS 层叠样式表来定义，在后面的章节中会讲到。＜ul＞单独使用没有什么意义，仅仅只是定义一个区域，它需要配合＜li＞标签使用来表示每一项。其语法格式举例：

```
< ul type=_"circle">
        < li type= "disc"> 无序列表第一项< /li>
        < li> 无序列表第二项< /li>
        < li type= "square"> 无序列表第三项< /li>
< /ul>
```

属性说明：

①disc：列表项前面加上符号●。

②circle：列表项前面加上符号○。

③square：列表项前面加上符号■。

**2. 有序列表标签＜ol＞…＜ /ol＞**

＜ol＞称为有序列表标签或编号列表标签，用来在页面中显示编号形式的列表，列表中每一项的前面会加上如 A、a、1、I 或 i 等形式的有序编号，编号会根据列表项增加或减少自动调整。和＜ul＞一样，＜ol＞也是定义一个区域，一定要结合＜li＞来使用。其语法格式举例：

```
< ol type= "A" start= "2">
        < li> 有序列表第一项< /li>
        < li> 有序列表第二项< /li>
        < li> 有序列表第三项< /li>
< /ol>
```

属性说明：

①type：用于设置列表编号的形式，可取属性值有 1（阿拉伯数字）；a（小写英文字母）；A（大写英文字母）；i（小写罗马字母）；I（大写罗马字母）。

②start：用于设置编号的起始值，取整数，默认为 1。如 start＝"2"表示列表编号从 2 开始。

**3. 列表项标签<li>…</li>**

<li>用来表示列表的一项，需要同<ul>或<ol>一起使用。可以通过属性 type 单独为一项设置项目符号。

**4. 其他列表标签**

以上三种是在实际运用中使用比较多的标签，另外还有一些列表标签使用并不太多，如：

①<dl>…</dl>：定义式列表。

②<dd>…</dd>：定义项目。

③<dt>…</dt>：定义项目。

列表标签的应用实例如图 3-19 所示，效果如图 3-20 所示。

```html
<ul>
    <li type="circle">无序列表第一项</li>
    <li type="disc">无序列表第二项</li>
    <li type="square">无序列表第三项</li>
</ul>
<ol type="a" start="3">
    <li>有序列表第一项</li>
    <li>有序列表第二项</li>
    <li>有序列表第三项</li>
</ol>
```

- 无序列表第一项
- 无序列表第二项
- 无序列表第三项

c. 有序列表第一项
d. 有序列表第二项
e. 有序列表第三项

　　　图 3-19　列表标签　　　　　　　　　　　图 3-20　列表标签应用效果

## 四、超链接标签

超链接是网络世界里不可或缺的部分，它是网页的灵魂。网络信息与资源的共享离不开超链接，它将网络中的图片、文本、声音、视频等信息进行整合，并使网页之间能够相互访问。

**1. 文件路径**

定义超链接需要给定文件的路径，因而必须先了解文件路径的相关知识。

在网页中，文件的路径分为绝对路径和相对路径。

1）绝对路径

需要提供文件完整的 URL，而且包括所使用的协议，如果指向外部网站的文件，可以使用超文本传输协议 HTTP，则 http://www.jxcia.com/index.jsp 就是一个绝对路径；如果指向本地文件，可以使用文件传输协议 FILE，则 file://D/images/winter.jpg 就是一个绝对路径。但是绝对路径最大的缺点就是，文件的位置不能改变，一旦变动，则无法找到文件。

2）相对路径

一般以当前文件所在的路径为起始目录。路径中".."代表回溯上一级目录。例如：background="../../pq.jpg" 就是一个相对路径。相对路径的优点在于文件可以移动位置，只要相对起始位置不发生变化即可。

**2. 链接标签＜a＞…＜/a＞**

链接标签使用比较简单，其语法格式举例：

```
< a href= "http://www.jxcia.com" target= "_blank" title= "原气象学校" > 江西信息应
用职业技术学院< /a>
```

属性说明：

①href：链接所指向的 URL 地址，即目标地址，可以是相对路径，也可以是绝对路径。

②target：指定打开链接的目标窗口，取值 _ parent（在父窗口打开）、_ blank（在新窗口打开）、_ self（在原窗口打开）、_ top（在浏览器的整个窗口中打开）。

③title：指向链接时所提示的文字。

④name：用来设定锚点的名字，主要用于创建锚点链接。

**3. 超链接的分类**

根据超链接的不同路径值，可以将超链接分为以下几类：

1）本地链接

用链接标签链接本地的文件，一般链接本地网页或图片。例如：

```
< a href= "index.html"> 主页< /a>
```

2）远程链接

用链接标签链接本地以外的文件，可以使用绝对路径或者相对路径，通常使用超文本传输协议，例如：

```
< a href= "http://www.jxcia.com"> 江西信息应用职业技术学院< /a>
```

3）锚点链接

用于链接到同一个网页文档或其他网页文档中的指定位置，此链接必须使用 name 属性创建锚点。例如，在指定的位置先创建锚点＜a name＝"here"＞锚点1＜/a＞，然后给超链接文本创建链接＜a href＝" ♯here" ＞跳转到锚点 1＜/a＞，如果是锚点在另外一个页面文件 xx. html，则链接写成＜a href＝" xx. html♯here" ＞跳转到锚点 1＜/a＞即可。

4）电子邮件链接

只需要给链接地址加上 mailto：，便可以生成一个电子邮件链接，例如：

```
< a href= "mailto:xxx@ qq.com"> 联系站长< a/>
```

5）脚本链接

脚本链接是利用在超链接中执行 JavaScript 代码。把 href 属性设置为"javascript："开头，例如：

```
< a href= "javascript:alert('Hi');"> 脚本链接< /a>
```

6）空链接

也称为假链接，是未指定的链接，用于向页面上的对象或文本附加行为。有两种方式可以创建空链接，例如：

　< a href= "javascript:;"> 这是一个空链接< /a>　　< a href= "# "> 这是一个空链接< /a>

　　超链接标签的应用实例如图 3-21 所示，效果如图 3-22 所示。

```
<pre>
    <a href="images/p1.jpg">本地链接</a>
    <a href="http://www.jxcia.com">远程链接</a>
    <a href="mailto:xxx@qq.com">邮件链接</a>
    <a href="javascript:alert('Hi')">脚本链接</a>
    <a href="#">空链接</a>
</pre>
```

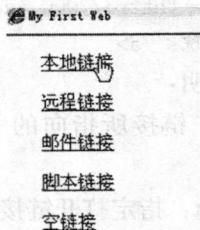

**图 3-21　超链接标签**　　　　　　　**图 3-22　超链接标签应用效果**

## 五、图像标签

　　此标签为空标签，主要用于显示网页中的图片。其语法格式如下：

　< img　src= "images/p1.jpg"　width= "300"　height= "200"　border= "1"　alt= "这是一张图片"/>

　　属性说明：

　　①src：图像的 URL 路径，可以使用相对路径或绝对路径。

　　②alt：用来设定图片的替换文字，当图片无法显示时，用此文本代替。

　　③border：用来设定图像的边框宽度，属性值为整数，单位为像素。

　　图像标签的应用实例如图 3-23 所示，效果如图 3-24 所示。

```
<body>
    <img src="images/p1.jpg" width="300" height="200" />
</body>
```

**图 3-23　图像标签**

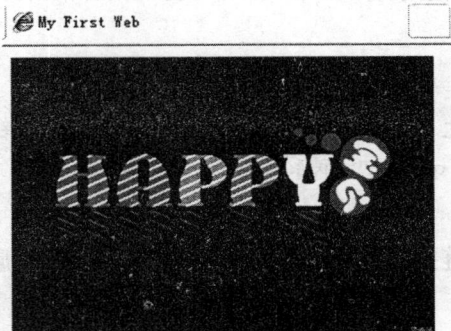

**图 3-24　图像标签应用效果**

## 六、表格标签

表格是网页元素中的重要一员，其原本的含义是用于格式化地显示数据，但对于以往的网页制作来说，表格是定位元素，是网页布局结构中不可或缺的一部分。随着近几年Web 标准的推进，表格的布局作用已经逐步被弃用，开始还原其本来的面目。

表格由一行或者多行组成，每一行又由一个或多个单元格构成。与其他 XHTML 元素不同，一个表格最少由 3 个标签来实现，标签如下：

**1. 表格区段标签<table>…< /table>**

此标签表示表格的开始与结束，它是一个容器，定义一个表格，但是此标签一般不单独使用，需要配合行标签与单元格标签使用，其语法格式如下：

```
< table width= "500" height= "200" border= "1" background= "images/p1.jpg" bg-
color= "# FF0000" align= "center" cellpadding= "0" cellspacing= "0" bordercolor= "
blue"> …< /table>
```

属性说明：

①width：设定表格宽度，属性值可以是相对的也可以是绝对的，如 width=" 20%"。

②align：设定表格水平对齐方式，属性值为 left、center 或 right 之一。

③border：设定表格边框宽度，属性值为整数，单位为像素。

④bordercolor：设定表格边框颜色。

⑤background：设定表格的背景图像，属性值为图像文件的相对路径或绝对路径。

⑥cellpadding：设定边距的大小，也就是单元格中内容与单元格边距之间留的空白大小。

⑦cellspacing：设定单元格与单元格之间的距离。

**2. 行标签<tr>…<tr />**

标签定义行，是用于装单元格的容器，一个<tr>表示一行。此标签一般也不单独使用，其语法格式如下：

```
< tr align= "center" bgcolor= "red" valign= "middle"> …< /tr>
```

属性说明：

①align：设定这一行所有单元格中内容的水平对齐方法，属性值为 left、center 或 right 之一。

②bgcolor：设定这一行的背景颜色。

③valign：设定这一行所有单元格中内容的垂直对齐方法，属性值为 top、middle 或 bottom 之一。

**3. 单元格标签**

单元格标签根据作用可以分为两种，一种是普通单元格，另一种是表头单元格，标签如下：

①<td>…</td>：定义普通单元格，一个<td>表示一个单元格。

②<th>…</th>：定义表头单元格，用法与<td>相同，不同的是，<th>文本内

容默认以粗体显示，且居中。

**4. 表格标题标签<caption>…< /caption>**

例如：定义表格标题，可以使用属性 align，属性值为 top 或 bottom。其语法格式如下：

```
< caption> 这是一份学生的成绩单< /caption>
```

表格标签的应用实例如图 3-25 所示，效果如图 3-26 所示。

```
<table width="300" border="1" cellpadding="0" cellspacing="0">
    <caption>这是一份学生的成绩单</caption>
    <tr><th>姓名</th><th>性别</th><th>成绩</th></tr>

    <tr align="center">  <td>张三</td> <td>男</td> <td>90</td> </tr>
    <tr align="left">    <td>李四</td> <td>女</td> <td>95</td> </tr>
    <tr align="right">   <td>王五</td> <td>男</td> <td>99</td> </tr>
    <tr bgcolor="red">   <td>赵六</td> <td>女</td> <td>93</td> </tr>
</table>
```

图 3-25　表格标签

这是一份学生的成绩单

| 姓名 | 性别 | 成绩 |
|---|---|---|
| 张三 | 男 | 90 |
| 李四 | 女 | 95 |
| 王五 | 男 | 99 |
| 赵六 | 女 | 93 |

图 3-26　表格标签应用效果

## 七、表单标签

表单的作用是从访问 Web 站点的用户那里获取信息。访问者可以使用诸如文本框、列表框、复选框以及单选按钮之类的表单对象输入信息，然后单击某个按钮提交这些信息。表单一般在动态网站建设与 Web 应用程序开发中非常重要，它提供了用户与网站交互的接口。表单标签主要包含：

**1. 表单区域标签<form>…< /form>**

用来定义一个表单区域，所有需要一次性提交的表单项都需要包含在此标签之间。其语法格式如下：

```
< form  action= " "  method= " "> …< /form>
```

属性说明：

①action：用来设定处理表单数据的页面或脚本，属性值通常为动态网页文件的路径，若属性值为空则表示提交到页面本身。

②method：用来设定将表单数据传输到服务器所使用的方法，可取属性值有 get 和 post。get 是将表单数据附加到所请求页的 URL 中，此种方法不能传送大量数据，且不安全，所以不常使用。post 是将表单数据嵌入 HTTP 请求中，此种方法容许传送大量资料，较为实用。

**2. 输入型表单标签<input>…< /input>**

根据不同的 type 属性值，输入字段拥有很多种形式，具体如下：

①<input type="text" />：即单行文本框，用来输入文本信息，一般多为用户名、

邮箱等。

②&lt;input type="password" /&gt;：即密码框，用来输入密码，输入内容以星号显示，防止泄密。

③&lt;input type="radio" /&gt;：即单选按钮，用来在一组选项里面选择一个选项，例如性别等。

④&lt;input type="checkbox" /&gt;：即复选框，用来在一组选项里面选择多个选项。

⑤&lt;input type="file" /&gt;：即文件域，用来选择本地文件并上传。

⑥&lt;input type="hidden"&gt;：即隐藏域，用来存储并提交非用户输入的信息。该信息用户是看不见的，它不在浏览器窗口中显示。

⑦ &lt;input type="submit" /&gt;：即提交按钮，用来将表单数据提交到服务器。

⑧&lt;input type="reset" /&gt;：即重置按钮，用来还原表单为初始状态。

⑨&lt;input type="button" /&gt;：即普通按钮，用来跟 JavaScript 脚本相结合产生特定的动作。

⑩&lt;input type="image" /&gt;。即图像域，用于将图像当按钮使用。

### 3. 下拉菜单

下拉菜单有时也称为下拉列表，可方便的从一个列表中选择一个项目，并传送信息。其语法格式如下：

```
< select  name= "nanchang">
  < option> 青云谱区< /option>
  < option> 青山湖区< /option>
< /select>
```

### 4. 文本区域标签&lt;textarea&gt;…&lt;/textarea&gt;

文本区域标签可以使用户输入多行信息，如用户留言、自我介绍等，语法格式如下：

&lt; textarea&gt; 江西信息应用职业技术学院是…………< /textarea&gt;

表单标签的应用实例如图 3-27 所示，效果如图 3-28 所示。

图 3-27 表单标签

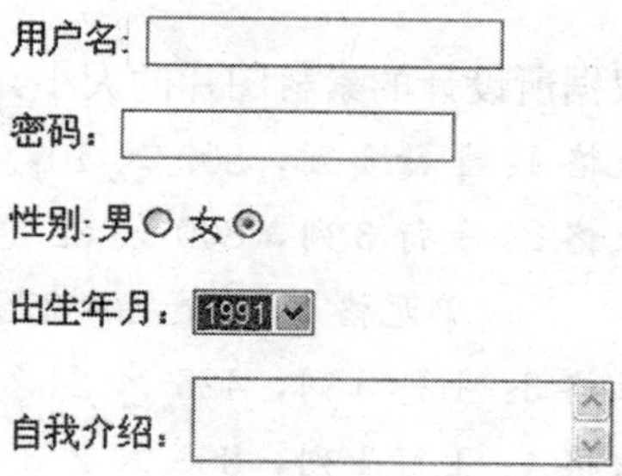

图 2-28 表单标签应用效果

## 1. 网页布局结构设计与制作

当素材一切准备就绪以后，制作网页的第一步就是进行网页布局结构的分析。表格是学习到目前为止我们所能选择的比较好的布局元素，但是使用表格布局应该尽量减少嵌套表格的使用，这样有利于网页迅速地打开，具体结构如图 3-29 所示。

图 3-29　网页布局结构图

根据所设计的素材图片的大小，设定好相应单元格的大小，所作需求分析如下：

表格 1：1 行 1 列，800 × 10

表格 2：1 行 3 列，800 × 82

　　　　单元格 1：width = 275，单元格 2：width = 425，单元格 3：自适应

表格 3：1 行 5 列，425 × 24，每个单元格 width = 85

表格 4：1 行 1 列，800 × 273

表格 5：1 行 3 列，800 × 420

　　　　单元格 1：width = 250，单元格 2：width = 250，单元格 3：width = 300

表格 6：1 行 1 列，800 × 35

表格 7：2 行 1 列，190 × 420

单元格 1：height＝75，单元格 2：自适应

表格 8：3 行 1 列，190 × 420

单元格 1：height＝75，单元格 2：height＝140，单元格 3：自适应

表格 9：4 行 1 列，225px × 420px

单元格 1：height＝75，单元格 2：height＝120，单元格 3：height＝50，单元格 4：自适应

根据需求分析，开始创建表格，HTML 标签结构如下：

```
< ! - - 这里是表格 1 - - >
< table width= "800" height= "10" border= "0" align= "center" cellpadding= "0" cell-
spacing= "0">
    < tr> < td>  < /td> < /tr>
< /table>
< ! - - 这里是表格 2 - - >
< table width= "800" height= "82" border= "0" align= "center" cellpadding= "0" cell-
spacing= "0">
    < tr>
      < td width= "275">  < /td>
      < td width= "425">
          < ! - - 这里是表格 3 - - >
          < table width= "425" height= "24" border= "0" cellspacing= "0" cellpadding= "0">
            < tr align= "center">
              < td width= "85">  < /td>
              < td width= "85">  < /td>
              < td width= "85">  < /td>
              < td width= "85">  < /td>
              < td width= "85">  < /td>
            < /tr>
          < /table>
      < /td>
      < td>  < /td>
    < /tr>
< /table>
< ! - - 这里是表格 4 - - >
< table width= "800" height= "273" border= "0" align= "center" cellpadding= "0" cell-
spacing= "0">
    < tr> < td>  < /td> < /tr>
< /table>
< ! - - 这里是表格 5 - - >
< table width= "800" height= "420" border= "0" align= "center" cellpadding= "0" cell-
```

```
spacing= "0">
    < tr align= "center">
        < td width= "250">
            < ! - - 这里是表格 7 - - >
            < table width= "190" height= "420" border= "0" cellspacing= "0" cellpadding= "0">
                < tr> < td height= "75">  < /td> < /tr>
                < tr> < td>  < /td> < /tr>
            < /table>
        < /td>
        < td width= "250">            < ! - - 这里是表格 8 - - >
            < table width= "190" height= "420" border= "0" cellspacing= "0" cellpadding= "0">
                < tr> < td height= "75">  < /td> < /tr>
                < tr> < td height= "140" align= "center">  < /td> < /tr>
                < tr> < td>  < /td> < /tr>
            < /table>
        < /td>
        < td width= "300">
            < ! - - 这里是表格 9 - - >
            < table width= "225" height= "420" border= "0" cellspacing= "0" cellpadding= "0">
                < tr> < td height= "75">  < /td> < /tr>
                < tr> < td height= "120" align= "center">  < /td> < /tr>
                < tr> < td height= "50">  < /td> < /tr>
                < tr> < td>  < /td> < /tr>
            < /table>
        < /td>
    < /tr>
< /table>
< ! - - 这里是表格 6 - - >
< table width= "800" height= "35" border= "0" align= "center" cellpadding= "0" cell-
spacing= "0">
    < tr> < td>  < /td> < /tr>
< /table>
```

　　HTML 代码效果图如图 3-30 所示。

**2. 网页素材添加**

　　在制作好表格的结构之后，就可以往对应的单元格中添加各种素材，如图片、文本、动画等，一般按照网页的结构顺序来进行内容添加，如从上往下、从左往右等。在本任务中，按照表格添加的顺序来添加对应的内容。

**图 3-30　表格结构图**

1）添加表格 1 的内容

表格 1 在这里用了一张图片作为背景，并无实质性的内容，给单元格添加背景，代码如下：

```
<! ——这里是表格 1 ——>
< table width= "800" height= "10" border= "0" align= "center" cellpadding= "0" cell-
spacing= "0">
    < tr> < td background= "images/top_bg.jpg"> < /td> < /tr>
< /table>
```

效果图如图 3-31 所示。

**图 3-31　表格 1 效果图**

**注意**：这里一定要清除掉单元格中默认的占位符，因为此占位符默认高度大于了 10px，会影响背景的正常显示。

2）添加表格 2 的内容

表格 2 总共包含了两个部分的内容，一个是 Logo，另外一个就是嵌套了表格 3 作为导航条，代码如下：

```
<! ——这里是表格 2 ——>
< table width= "800" height= "82" border= "0" align= "center" cellpadding= "0" cell-
spacing= "0">
    < tr>
        < td width= "275"> < img src= "images/logo.jpg" /> < /td>
        < td width= "425"> < ! – – 这里是嵌入表格 3 – – > < /td>
        < td>  < /td>
    < /tr>
< /table>
```

效果图如图 3-32 所示。

**图 3-32　表格 2 与表格 3 效果图**

3）添加表格 3 的内容

表格 3 中导航使用了背景图片和导航文本，导航文本颜色设置为白色，字体为黑体，字号为 2，代码如下：

```
<! ——这里是表格 3 ——>
< table width= "425" height= "24" border= "0" background= "images/nav_bg.jpg" cell-
spacing= "0" cellpadding= "0">
    < font color= "# FFFFFF" face= "黑体" size= "2">
        < tr align= "center">
            < td width= "85"> 首页< /td>
            < td width= "85"> 公司概况< /td>
            < td width= "85"> 楼盘近况< /td>
            < td width= "85"> 最新楼盘< /td>
        < td width= "85"> 二手交易< /td>
    < /tr>
    < /font>
< /table>
```

效果图如图 3-33 所示。

**图 3-33　表格 3 效果图**

4）添加表格 4 的内容

表格 4 结构简单，只放入了一张 banner 图片，代码如下：

```
<!——这里是表格 4 ——>
< table width= "800" height= "273" border= "0" align= "center" cellpadding= "0" cell-
spacing= "0">
    < tr> < td> < img src= "images/banner.jpg" /> < /td> < /tr>
< /table>
```

效果图如图 3-34 所示。

图 3-34　表格 4 效果图

5）添加表格 5 的内容

因为表格 5 的内容主要由表格 7～9 承担布局，因此，表格 5 无须操作。

6）添加表格 6 的内容

表格 6 主要由背景图片与文本构成，文本颜色设置为白色，字体为黑体，字号为 2，代码如下：

```
<!——这里是表格 6 ——>
< table width= "800" height= "35" border= "0" align= "center" cellpadding= "0" cell-
spacing= "0">
    < tr align= "center">
      < td background= "images/bottom_bg.jpg">
      < font face= "黑体" color= "# FFFFFF" size= "2">
        < address> 版权所有 &copy;江西金典房地产有限公司 举报电话：0791- 88888888< /ad-
dress>
      < /font>
      < /td>
    < /tr>
< /table>
```

效果图如图 3-35 所示。

图 3-35　表格 6 效果图

7）添加表格 7 的内容

表格 7 是一个两行一列的表格，第一行放置标题图片，第二行为列表内容，代码如下：

```
<! --这里是表格 7 -->
< table width= "190" height= "420" border= "0" cellspacing= "0" cellpadding= "0">
  < tr> < td height= "75"> < img src= "images/news.jpg"/> < /td> < /tr>
  < tr>
    < td valign= "top">
      < ul>
        < li> 这里是房地产新闻< /li>
        < li> 这里是房地产新闻< /li>
        < li> 这里是房地产新闻< /li>
        < li> 这里是房地产新闻< /li>
          …
      < /ul>
    < /td>
  < /tr>
< /table>
```

效果图如图 3-36 所示。

图 3-36　表格 7 效果图

8）添加表格 8 的内容

表格 8 为三行一列，第一行放置标题图片，第二行放置栏目主题图片，第三行为段落文本，代码如下：

```
<! ——这里是表格 8 ——>
< table width= "190" height= "420" border= "0" cellspacing= "0" cellpadding= "0">
    < tr> < td height= "75"> < img src= "images/introduce.jpg" width= "190" height= "35"
/> < /td> < /tr>
    < tr> < td height= "140" align= "center"> < img src= "images/pic.jpg" width= "170"
height= "120" /> < /td> < /tr>
    < tr>
      < td valign= "top">
        < p> 这是楼盘介绍这是楼盘介绍这是楼盘介绍这是楼盘介绍这是楼盘介绍
              这是楼盘介绍这是楼盘介绍这是楼盘介绍这是楼盘介绍这是楼盘介绍
                这是楼盘介绍这是楼盘介绍这是楼盘介绍这是楼盘介绍这是楼盘介绍
                    …
        < /p>
      < /td>
    < /tr>
< /table>
```

效果图如图 3-37 所示。

9）添加表格 9 的内容

表格 9 为四行一列，第一行放置标题图片，第二行放置表单，第三行放置标题图片，第四行放置列表，其代码如下：

```
<! ——这里是表格 9 ——>
< table width= "225" height= "420" border= "0" cellspacing= "0" cellpadding= "0">
    < tr> < td height= "75"> < img src= "images/login.jpg"/> < /td> < /tr>
    < tr>
      < td height= "120" align= "center">
        用户名
        < input type= "text" name= "textfield" id= "textfield" /> < br /> < br />
        密    码
        < input type= "text" name= "textfield" id= "textfield" /> < br /> < br />
        < input type= "button" value= "登录" />  
        < input type= "submit" name= "button" id= "button" value= "注册" />
      < /td>
    < /tr>
    < tr> < td height= "50"> < img src= "images/notice.jpg"/> < /td> < /tr>
    < tr>
      < td valign= "top">
        < ul>
          < li> 这里是公告这里是公告< /li>
          < li> 这里是公告这里是公告< /li>
            < li> 这里是公告这里是公告< /li>
                …
        < /ul>
      < /td>
```

```
    < /tr>
< /table>
```

效果图如图 3-38 所示。

**图 3-37　表格 8 效果图**

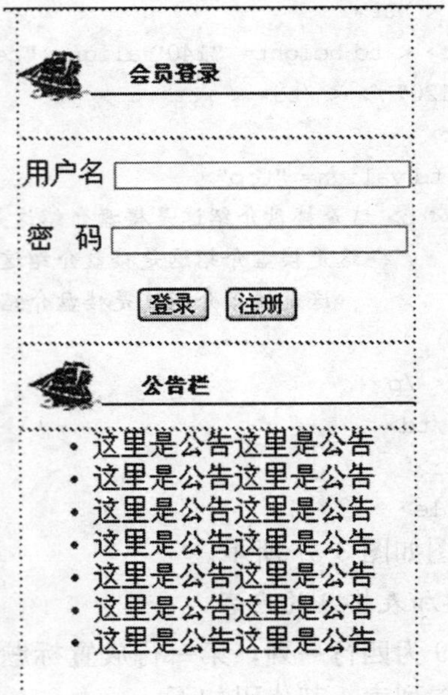

**图 3-38　表格 9 效果图**

至此，网页已经基本完成，保存并浏览网页，效果图如图 3-1 所示。

**任务小结**

通过完成本任务，初步掌握了 XHTML 的基础知识。

（1）进一步熟悉了 Dreamweaver 的操作环境；

（2）掌握了 XHTML 标签语言的使用；

（3）初步掌握了利用表格完成图片与文本的布局。

# 项目拓展实训

## 一、实训名称

简单企业网站首页的制作。

## 二、实训目的

（1）学会常见 XHTML 标签的使用；

（2）学会表格的布局作用；

（3）初步掌握利用表格对图片与文本进行排版布局。

### 三、实训要求

（1）做好网站设计前的准备工作，对所选企业的产品及文化等方面有一定的了解；

（2）根据企业的特点和需求进行网页版式与素材设计；

（3）能利用布局技术将设计好的素材按构思进行实现。

### 四、实训条件

Dreamweaver CS4、IE 浏览器（Internet Explorer8.0）、火狐浏览器（Firefox7.0）、谷歌浏览器（Chrome14.0）。

### 五、实训内容

设计并制作一个旅游主题网站首页（参照图 3-39），能正确使用文本、图片、Flash 动画等多种媒体元素丰富页面内容，利用表格进行布局并能在浏览器中正常显示。

图 3-39　项目拓展实训

# 项目四　CSS 页面布局

CSS 是当今网页制作的一个关键技术，它之所以得到普遍应用，与网页技术的发展是分不开的。从本章开始，我们将着重讲解结构与表现分离的网页制作技术。

项目四以一个标准化布局的网页为案例，从结构分析到列表布局来讲解一个网页从设计稿到 HTML 文件的制作过程。案例效果图如图 4-1 所示。

**图 4-1　案例效果图**

## 【学习目标】

（1）了解 CSS 在网页中的使用方法；

（2）掌握 div＋CSS 布局网页的方法；

（3）掌握 ul＋li＋CSS 导航及列表布局美化方法；

（4）掌握表单布局和美化方法。

# 任务一　div＋CSS 网页布局

**任务提出**

依据要求，完成对设计稿的模块化 div＋CSS 布局工作，在网页中实现各模块容器的展示。

**任务分析**

显然我们无法直接开始制作网页，而是应该首先分析网页的布局结构，然后才能完成网页的模块化布局。

（1）分析网页布局结构；

（2）用 Photoshop 计算出每个模块的宽和高；

（3）利用 CSS 的 float 等属性来完成网页 div＋CSS 模块化布局。

**相关知识**

## 一、CSS 的概念

CSS（Cascading Style Sheet，层叠样式表）是一组格式设置规则，用于控制 Web 页面的外观样式。通过使用 CSS 样式设置页面的格式，可将页面的内容与表现样式分离。页面内容存放在 HTML 文档中，而用于定义表现样式的 CSS 规则存放在另一个文件中或 HTML 文档的某一部分，通常为文件头部分。

## 二、CSS 的作用及特点

在网页制作时采用 CSS 技术，可以有效地对页面的布局、字体、颜色、背景和其他效果实现更加精确的控制。相对于传统的 table 布局来说，只要对相应的代码做一些简单的修改，就可以改变同一页面的不同部分，或者页数不同的网页的外观和格式，并且能提高网页打开速度。

CSS 的特点：

（1）几乎被所有浏览器所兼容，有利于网页标准的执行；

（2）可以用来替代部分图片的显示，加速网页的打开；

（3）美化页面字体，让页面更容易编排，更加美观；

（4）提高控制页面布局的自由度；

（5）轻松实现整站多个页面样式的批量更新和统一修改，极大提高了网站改版的效率。

## 三、CSS 的使用

### 1. 链入外部样式表文件（Linking to a Style Sheet）

代码如下：

```
< link rel= "stylesheet" href= "你的 css 路径链接地址" type= "text/css" />
```

例如：

```
< ! DOCTYPE html PUBLIC "- //W3C//DTD XHTML 1.0 Strict//EN" "http://www.w3.org/TR/xht-
ml1/DTD/xhtml1- strict.dtd">
< html xmlns= "http://www.w3.org/1999/xhtml">
< head>
< meta http- equiv= "Content- Type" content= "text/html; charset= utf- 8" />
< title> 无标题文档< /title>
< link rel= "stylesheet" href= "images/C.css" type= "text/css" />
< /head>
< body>
< /body>
< /html>
```

**说明**：将 images 文件夹下的 C.css 文件链接到这个 HTML 文档中。

**注意**：link 标签，一般情况都放在<head></head>之内。

另外，在 Dreamweaver 中，也可以单击【格式】|【CSS 样式】|【附加样式表】来链接 CSS 文件。

### 2. 定义内部样式块对象（Embedding a Style Block）

在 HTML 文档的<head>标签之间插入一个<style>...</style>块对象。

定义方式请参阅样式表语法。示例如下：

```
< ! DOCTYPE html PUBLIC "- //W3C//DTD XHTML 1.0 Strict//EN" "http://www.w3.org/TR/xht-
ml1/DTD/xhtml1- strict.dtd">
< html xmlns= "http://www.w3.org/1999/xhtml">
< head>
< meta http- equiv= "Content- Type" content= "text/html; charset= utf- 8" />
< title> 无标题文档< /title>
< style type= "text/css">
body{background:red;}
< /style>
< /head>
< body>
```

```
< /body>
< /html>
```

**注意**：style 标签，一般情况都放在<head></head>之内。

### 3. 内联定义（Inline Styles）

内联定义即在对象的标记内使用对象的 style 属性定义适用其的样式表属性。

示例如下：

```
< p style= "color: sienna; margin- left: 20px"> 这是一个段落< /p>
```

## 四、CSS 语法

CSS 语法由三部分构成：选择器（selector）、属性（property）和值（value）。

selector {property：value；}

CSS 语法注意事项：

### 1. 值的不同写法和单位

把文字颜色定义为红色，除了英文单词 red，还可以使用十六进制的颜色值 ♯ff0000：

```
div { color: # ff0000; }
```

我们还可以通过两种方法使用 RGB 值：

```
div { color:rgb(255,0,0); }
div { color:rgb(100% ,0% ,0% ); }
```

**注意**：当使用 RGB 百分比时，即使当值为 0 时也要写百分比符号。但是在其他的情况下就不需要这么做了。例如，当尺寸为 0 像素时，0 之后不需要使用（px）单位。

### 2. 记得写引号

如果值为若干单词，则要给值加引号，例如：

```
div { font- family: "sans serif"; }
```

### 3. 多重定义

如果要定义多个属性，则需要用分号将每个声明分开，例如：

```
p { text- align:center; color:red; }
```

每行描述一个属性，这样可以增强样式定义的可读性，例如：

```
p {
  text- align: center;
  color:red;
  font- family: arial;
}
```

## 五、选择器

### 1. id 选择器

id 选择器可以为标有特定 id 的 HTML 标签指定特定的样式。

id 选择器以井号（♯）来定义。

下面的两个 id 选择器，第一个定义标签的颜色为红色，第二个定义标签的颜色为绿色。

```
# x1 {color:red;}
# x2 {color:green;}
```

下面的 HTML 代码中，id 属性为 x1 的 div 标签显示为红色，而 id 属性为 x2 的 div 标签显示为绿色。

```
< div id= "x1"> 这个是红色。< /div>
< div id= "x2"> 这个是绿色。< /div>
```

**注意**：id 属性只能在每个 HTML 文档中出现一次。

网页可分为三部分：结构、样式和行为。在结构和样式控制的时候，id 和 class 选择器可以随意使用，但是一旦有了行为控制，那么 id 属性将会作为 JavaScript 的取值方式之一，而 id 取值在同一个页面中必须是唯一的。所以，在页面布局的时候，同一个 id 选择器在同一个 HTML 文档中只能出现一次。

**2. 类选择器**

在 CSS 中，类选择器以一个点号（.）显示：

```
.n1 {text- align:center}
```

在上面的例子中，所有拥有 n1 类的 HTML 标签均为居中。

在下面的 HTML 代码中，div 和 li 标签都有 center 类。这意味着两者都将遵守 ".center"选择器中的规则。

```
< div class= "n1"> 你看到的将会是文本水平居中< /div>
< li class= "n1"> 这里也是文本水平居中< /li>
```

**注意**：类名的第一个字符不能使用数字，否则无法在 Firefox 中起作用。

**3. 类型选择器**

在 CSS 中，可将 HTML 标签直接作为选择器，我们把这一类选择器称为类型选择器。

```
h1{font- size:12px;color:red;}
< h1> 这里是重新定义后的 h1 标签的文本< /h1>
```

在上面的例子中，原本 h1 标签是字号加大、字体加粗的黑色文本，现在修改后，文本变成了 12 像素的红色小字体。

**注意**：head、meta、title、base、script、style 标签，不作为类型选择器使用，因为这些标签没有样式属性。

**4. 通配符**

在 CSS 中，以星号（*）来表示通配符。

如果在 HTML 文档中，需要定义统一并共用的样式，可以使用通配符。

```
* {font- size:16px;}
.n1{text- align:center;}
# n2{color:red}
< div class= "n1"> 文本 1< /div>
```

```
< div id= "n2"> 文本 2< /div>
```

在上面的例子中，两个容器的样式属性都没有定义字体大小，而通过通配符的定义，让这两个容器的字体大小的默认值都是 16 像素。

**注意**：IE6（含 IE6）以前的 IE 浏览器都不支持通配符。

## 六、盒子模型

网页中的盒子模型，简单地说是各种标记的抽象化，每一个标记都可以看成一个盒子，网页就是由若干个盒子相互嵌套或相互并列组合而成的，其组合方式主要遵循代码的编译顺序，由上至下，由左至右。

在可视格式化模式中，所有标签都产生了特定的盒子类型。显示这些盒子的方法称作盒子模型，了解盒子模型对于理解级联样式表如何显示网页至关重要。

### 1. 树状文档

每个网页实际上是标签和内容的树，这些树的类型与计算机科学使用的数据结构类型相同。

树是一种以标签层次结构表示信息的方法，可以将它看成与宗谱家族树有些类似的结构，开始于某个祖先，然后向下派生。曾祖母位于最上面，她的子女位于下面的第二层，母亲及其兄弟姐妹、堂兄弟姐妹位于下面的第三层，母亲的子女和同辈成员位于第四层。

同样，HTML 文档可以认为是<html>标签在最上面的一棵树。在这里，<html>是根标签。

<html>标签有两个子女：<head>和<body>，它们在树中的较低层次显示，即在下面的层次显示。<head>也有子女，在每个文档中，<title>就是一个子女，在外部样式表中也许存在<link>。<body>标签包括页面的内容，可以是从<h1>和<table> 到<div>或<hr>的任何东西。有些也许具有自己的子女，有些没有。

树的每个部分称为节点。节点既可以是标签（可能与子女一起），也可以是某些文本。文本节点不能有子女结构，它们只是文本而已。

```
< html>
 < head>
  < title> 登鹳雀楼(唐诗)< /title>
 < /head>
 < body>
  < h1> 登鹳雀楼< i> 王之涣< /i> < /h1>
  < p>
   白日依山尽,黄河入海流。< br> 欲穷千里目,更上一层楼。
  < /p>
 < /body>
< /html>
```

这首诗在网页中的代码如上，按树状模型可分解为图 4-2 所示。

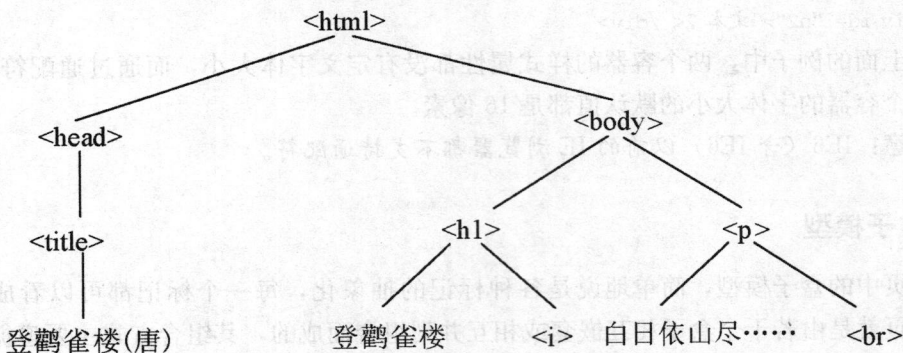

图 4-2　网页树状模型图

**2. 盒子型文档**

将 HTML 文档定义为数据树后，它就可以直观地解释为一系列盒子。对于 Web 开发者来说，这可能是用来思考页面最简单的方法，但是，通过可视化树来理解它非常重要，因为那是 CSS 浏览器考察页面的方式。

用户可以认为这些盒子是装其他盒子或文本值的容器，除了树中对应于根节点的盒子之外，CSS 盒子模型中的每个盒子都装在另一个盒子内，外面的盒子称为包含盒。块包含盒可以装其他块盒子或内联盒子，内联包含盒只能装内联盒子。

在图 4-3 中，可以看到《登鹳雀楼》表示一系列内嵌的盒子。有些盒子没有标签但盒子存在，这些盒子被称作"匿名盒"。无论何时标签包含混合内容——文本和一些 HTML 标签，都会产生匿名盒。匿名盒的样式设计与其包含盒相同。

同时注意，<br>标签是一个空标签，它不包含任何内容，但是它仍然产生一个盒子。在 HTML 中，<head>标签定义为 display：none，所以用户从来看不见<head>标签中的内容。

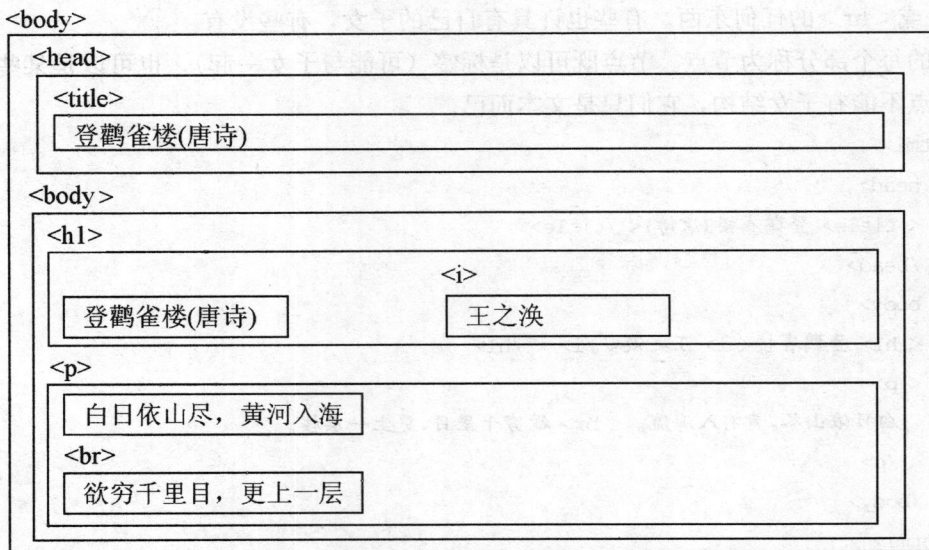

图 4-3　网页内容器元素的盒子型文档图

### 3. 盒子模型的显示

通过建立树状模型，然后填充盒子模型，浏览器确定有一个盒子存在，它会根据 HTML 的内部规则或盒子的样式属性显示该盒子。

在某种程度上，所有 CSS 属性都是盒子显示属性，它们控制盒子如何显示。三个属性定义盒子的边缘：边距（margin）、边框（border）和填充（padding）。

边距、边框和填充与内容本身之间的关系如图 4-4 所示。本例中，边框颜色设置为灰色，背景颜色设置为银色。

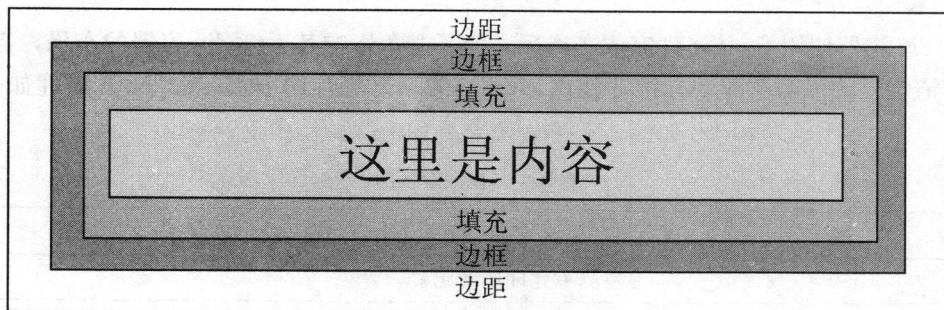

**图 4-4 盒子模型图**

## 七、background 背景属性

background 是容器的背景属性，用来设定容器的背景颜色、背景图、背景图的重复、背景图的定位等。background 属性如表 4-1 所示。

**表 4-1 background 属性表**

| 属　性 | 描　述 |
|---|---|
| background | 简写属性，作用是将背景属性设置在一个声明中 |
| background—attachment | 背景图像是否固定或者随着页面的其余部分滚动 |
| background—color | 设置元素的背景颜色 |
| background—image | 把图像设置为背景 |
| background—position | 设置背景图像的起始位置 |
| background—repeat | 设置背景图像是否及如何重复 |

## 八、float 浮动属性

div 容器是水平方向的容器，要让 div 成列布局，需要对 div 容器用到 float（浮动）属性。float 属性如表 4-2 所示。

表 4-2　float 属性表

| 值 | 描　述 |
| --- | --- |
| left | 元素向左浮动 |
| right | 元素向右浮动 |
| none | 默认值。元素不浮动，并会显示在其在文本中出现的位置 |
| inherit | 设置应该从父元素继承 float 属性的值 |

## 九、clear 清除属性

当 div 容器使用 float 属性完成布局后，为了避免影响其后续 div 容器的布局，需要及时对其清空浮动。清空浮动，推荐使用 clear（清除）属性的 both 值。both 属性如表 4-3 所示。

表 4-3　clear 属性表

| 值 | 描　述 |
| --- | --- |
| left | 在左侧不允许浮动元素 |
| right | 在右侧不允许浮动元素 |
| both | 在左右两侧均不允许浮动元素 |
| none | 默认值。允许浮动元素出现在两侧 |
| inherit | 设置应该从父元素继承 clear 属性的值 |

**任务实施**

网页结构分析的一般步骤：

（1）参照设计稿，从上至下，模块等高，认真分析；

（2）参照设计稿，从左至右，遵循原稿，灵活把控。

**1. 网页结构分析**

（1）"由上至下，模块等高"分析结果如图 4-5 所示。

图 4-5 中每一个色块都是等高处理，Box1 是第一大块，Box2 是第二大块，Box3 是第三大块，Box4 是第四大块。

（2）"由左至右，遵循原稿"分析结果如图 4-6 所示。

**图 4-5 从上至下模块分析图**

**图 4-6 从左至右模块分析图**

Box1、Box4 由于没有明显的分列，可暂时不划分。

而 Box2、Box3 有明显的分列模块，划分如下所述。

先看 Box2，遵循设计稿的原则，把左边的"通知"和"本站搜索"划分为 Box2 _ Left，把中间的"焦点图"和"本系新闻"划分为 Box2 _ Right。继续对 Box2 _ Right 划分，焦点图为 Box2 _ Right _ Left，本系新闻为 Box2 _ Right _ Right。

同理，对于 Box3，左侧的滚动图片划分为 Box3 _ Left，下拉菜单划分为 Box3 _ Right。

到此，设计稿的页面结构分析结束，开始网页的 div＋CSS 布局。

**2. 模块化布局**

1）初始化页面

因为在 HTML 标签中，许多标签有着默认属性，会或多或少地影响着网页布局工作，所以，在接下来的布局中，首先通过 CSS 来完成页面的初始化工作。

CSS Code：

```
@ charset "utf- 8";              /* CSS 采用 UTF8 编码,同时也要把 html 文档编码设置为
                                    utf8* /
* ,body,div,ul,li,a,form,input{  /* 因为 IE6 不支持通配符* ,所以把常用标签也写进来处理
                                    了 * /
    margin:0;                    /* 去除标签默认的外边框* /
    padding:0;                   /* 去除标签默认的内填充* /
    list- style:none;            /* 去除标签默认的列表属性,主要针对 ul 和 li* /
    text- decoration:none;       /* 去除标签默认的文字修饰,主要针对 a 标签的下划线* /
    font- family:"宋体";          /* 默认字体宋体* /
    font- size:12px;             /* 字体默认大小 12 像素* /
    }
```

2）模块化布局

首先，在网页中完成至上而下的模块化布局。

div 标签在网页中是以一个水平方向的容器呈现的，所以只需要对 div 容器设定 width 和 height 属性，以及"margin：0 auto"让它在屏幕中保持水平居中即可。

**注意**：使用"margin：0 auto"让容器保持水平居中的前提条件是对容器设定 width 值。

在模块化布局中，为了标识模块，对每一个模块设定了背景颜色，使用 CSS 的 background 属性。

HTML Code：

```
< ! DOCTYPE html PUBLIC "- //W3C//DTD XHTML 1.0 Transitional//EN" "http://www.w3.org/
TR/xhtml1/DTD/xhtml1- transitional.dtd">
< html xmlns= "http://www.w3.org/1999/xhtml">
< head>
< meta http- equiv= "Content- Type" content= "text/html; charset= utf- 8" />
< title> 计算机技术系< /title>
< link href= "C.css" rel= "stylesheet" type= "text/css" />
< /head>
< body>
< div class= "top"> < /div> < ! - - Box1- - >
< div class= "bdy_news"> < /div> < ! - - Box2- - >
< div class= "bdy_other"> < /div> < ! - - Box3- - >
< div class= "foot"> < /div> < ! - - Box4- - >
```

```
< /body>
< /html>
```

 CSS Code：

```
/* 页面初始化代码省略* /
.top{
/* 宽度和高度均由设计稿通过 Photoshop 计算而出* /
    width:996px;
    height:170px;
    margin:0 auto; /* 容器水平居中* /
    background:# f00;/* 加上背景颜色,主要是为了区分模块* /
}
.bdy_news{
    /* 宽度和高度均由设计稿通过 Photoshop 计算而出* /
    width:996px;
    height:270px;
    margin:0 auto; /* 容器水平居中* /
    background:# 00f; /* 加上背景颜色,主要是为了区分模块* /
}
.bdy_other{
    /* 宽度和高度均由设计稿通过 Photoshop 计算而出* /
    width:996px;
    height:90px;
    margin:0 auto; /* 容器水平居中* /
    background:# ff0; /* 加上背景颜色,主要是为了区分模块* /
}
.foot{
    /* 宽度和高度均由设计稿通过 Photoshop 计算而出* /
    width:996px;
    height:60px;
    margin:0 auto; /* 容器水平居中* /
    background:# 888; /* 加上背景颜色,主要是为了区分模块* /
}
```

（1）至上而下的布局效果如图 4-7 所示。

至上而下布局结束后，完成 Box2 和 Box3 的左右拆分布局。

①在 Box2 的 Box2 _ Left 和 Box2 _ Right 浮动布局完成后，立即清空浮动；

②在 Box2 _ Right 的 Box2 _ Right _ Left 和 Box2 _ Right _ Right 浮动布局完成后，立即清空浮动；

③在 Box3 的 Box3 _ Left 和 Box3 _ Right 浮动布局完成后，立即清空浮动。

图 4-7　由上至下模块布局图

HTML Code：

```
< ! —主要布局代码- - >
< div class= "top"> < /div> < ! - - Box1- - >
< div class= "bdy_news"> < ! - - Box2- - >
    < div class= "left"> < /div> < ! - - Box2_Left- - >
    < div class= "right"> < ! - - Box2_Right- - >
        < div class= "focus"> < /div> < ! - - Box2_Right_Left- - >
        < div class= "newslist"> < /div> < ! - - Box2_Right_Right- - >
        < div class= "clr"> < /div> < ! - - 清空 Box2_Right_Left 和 Box2_Right_Right 的浮动
- - >
    < /div>
    < div class= "clr"> < /div> < ! - - 清空 Box2_Left 和 Box2_Right 的浮动- - >
< /div>
< div class= "bdy_other"> < ! - - Box3- - >
    < div class= "pic"> < /div> < ! - - Box3_Left- - >
    < div class= "dropdown"> < /div> < ! - - Box3_Right- - >
    < div class= "clr"> < /div> < ! - - 清空 Box3_Left 和 Box3_Right 的浮动- - >
< /div>
< div class= "foot"> < /div> < ! - - Box4- - >
```

CSS Code：

```
/* 前文已经出现了的代码省略* /
.clr{
    clear:both;/* 清空浮动专用* /
}
.bdy_news .left{
    width:270px;/* 宽度由设计稿计算而来,宽度 270px* /
```

```
        height:270px;/* 高度和父容器 bdy_news 保持一致* /
        float:left;/* 左右分列布局,用浮动来完成* /
        background:# 0CF;
    }
    .bdy_news .right{
        width:726px;/* 宽度由 bdy_news 的宽度减去 left 的宽度而来* /
        height:270px;/* 高度和父容器 bdy_news 保持一致* /
        float:left;/* 左右分列布局,用浮动来完成* /
        background:# 060;
    }
    .bdy_news .right .focus{
    width:310px;/* 宽度由设计稿计算而来,宽度 310px* /
        height:270px;/* 高度和父容器 bdy_news 保持一致* /
        float:left;/* 左右分列布局,用浮动来完成* /
        background:# 900;
    }
    .bdy_news .right .newslist{
        width:416px;/* 宽度由 right 的宽度减去 focus 的宽度而来* /
        height:270px;/* 高度和父容器 bdy_news 保持一致* /
        float:left;/* 左右分列布局,用浮动来完成* /
        background:# 000633;
    }
    .bdy_other .pic{
        width:850px; /* 宽度由设计稿计算而来,宽度 850px* /
        height:90px;/* 高度和父容器 bdy_other 保持一致* /
        float:left;/* 左右分列布局,用浮动来完成* /
        background:# 990;
    }
    .bdy_other .dropdown{
        width:146px;/* 宽度由 bdy_other 的宽度减去 pic 的宽度而来* /
        height:90px;/* 高度和父容器 bdy_other 保持一致* /
        float:left;/* 左右分列布局,用浮动来完成* /
        background:# F0F;
    }
```

（2）由左至右拆分效果下图 4-8 所示。

图 4-8　由左至右模块布局图

**任务小结**

通过完成本次任务，我们将一个标准化网页，按照从上到下、从左到右的顺序进行了拆分。

（1）div 默认是水平方向的容器，从上到下的布局只需要按模块顺序对 div 容器设定 width、height 以及标识模块的背景颜色即可；

（2）从左到右的布局需要对 div 容器使用 float 属性，并且必须在该容器所属父容器内布局结束后，立即清空浮动；

（3）一般原则上，对于多列布局，先拆分为左右两列，再按顺序来拆分左列左、左列右、右列左或右列右，拆分的原则遵循设计稿灵活掌握。

# 任务二　导航制作及背景 banner

**任务提出**

完成一个标准模块化网页 Banner 的背景布局和导航条的制作。

**任务分析**

在这个任务中，依据上文中的模块布局，可以分为 3 步。先完成背景 banner 的切图，然后制作 banner 布局，最后进行导航条的制作。

（1）用 Photoshop 切出 banner 图片；

（2）将切出的图片完成 banner 背景布局；

（3）用 ul、li、a 元素来导航制作。

## 一、ul 和 li

ul 和 li 列表标签是使用 CSS 布局页面时常用的元素。在 CSS 中，有专门控制列表表现的属性，常用的有 list-style 属性。

由于 ul 和 li 标签默认有 padding 和 margin 值，所以我们会在页面初始化的时候，把 padding 和 margin 设为 0，并且将 list-style 自带的属性设为 none，以方便后续的自定义布局。

使用代码如下：

```
< ul>
        < li> 列表信息< /li>
        < li> 列表信息< /li>
        < li> 列表信息< /li>
< /ul>
```

## 二、border 边框属性

border 是容器边框，即块状容器的边界。边框大小与边距的度量方法相同，最常用的单位是像素。边框样式包括 solid（实线）、dashed（虚线）和 dotted（点化线），边框颜色可以是任何 CSS 颜色名或三个一组的 RGB。关于 border 属性的使用，如图 4-9 所示。

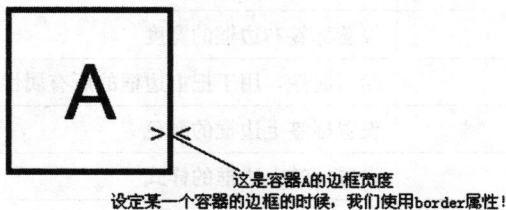

这是容器A的边框宽度
设定某一个容器的边框的时候，我们使用border属性！

图 4-9　border 图解

在对块状容器设定后，会改变容器的宽或高。即如果对容器上方或下方设置边框，会增加容器的高度，同理，左右设置边框会增加容器的宽度。因此，如果要保证块状容器的总宽高不变化，则需要在进行填充后，对容器的宽或高减去相应的填充值。border 属性如表 4-4 所示。

表 4-4　border 属性表

| 属　　性 | 描　　述 |
|---|---|
| border | 简写属性，用于把针对四个边的属性设置在一个声明 |
| border-style | 简写属性，用于设置标签所有边框的样式，或者单独地为各边设置边框样式 |
| border-width | 简写属性，用于为标签的所有边框设置宽度，或者单独地为各边设置宽度 |
| border-color | 简写属性，设置标签的所有边框中可见部分的颜色，或单独地为各边设置颜色 |
| border-bottom | 简写属性，用于把下边框的所有属性设置到一个声明中 |
| border-bottom-color | 设置标签下边框的颜色 |
| border-bottom-style | 设置标签下边框的样式 |
| border-bottom-width | 设置标签下边框的宽度 |
| border-left | 简写属性，用于把左边框的所有属性设置到一个声明中 |
| border-left-color | 设置标签左边框的颜色 |
| border-left-style | 设置标签左边框的样式 |
| border-left-width | 设置标签左边框的宽度 |
| border-right | 简写属性，用于把右边框的所有属性设置到一个声明中 |
| border-right-color | 设置标签右边框的颜色 |
| border-right-style | 设置标签右边框的样式 |
| border-right-width | 设置标签右边框的宽度 |
| border-top | 简写属性，用于把上边框的所有属性设置到一个声明中 |
| border-top-color | 设置标签上边框的颜色 |
| border-top-style | 设置标签上边框的样式 |
| border-top-width | 设置标签上边框的宽度 |

## 三、文本常用属性

在网页中，通常有许多汉字和字符，我们统一称之为文本。那么，在网页中文本的颜色、字号大小、是否加粗都属于常见文本修饰属性，下面列举 7 个常用属性。

**1. 文本颜色设置属性：color**

.x{ color:red; }

x 容器内的文本将会呈现红色。

**2. 文本水平对齐设置属性：text-align**

```
.x{ text- align:center; }
```

x 容器内的文本将会水平居中。

**3. 文本行高设置属性：line-height**

如果将单行文本所在容器的行高和当前容器的高度值相等，那么当前单行文本会保持垂直居中。

```
.x{ line- height:30px; height:30px }
```

x 容器内的文本将会垂直居中。

**4. 文本修饰设置属性：text-decoration**

一般主要用于对文字增加或取消下划线、删除线等效果。

```
A{ text- decoration:none; }
```

取消网页中所有超链接的下划线。

**5. 文本字号设置属性：font-size**

```
.x{ font- size:14px; }
```

x 容器内的文本字号显示为 14 像素。

**6. 文本加粗设置属性：font-weight**

```
.x{ font- weight:bold; }
```

x 容器内的文本将会加粗。

**7. 文本字体设置属性：font-family**

```
.x{ font- family:宋体; }
```

x 容器内的文本字体显示为宋体。

表 4-5  文本样式属性表

| 属　性 | 描　述 |
| --- | --- |
| color | 设置文本颜色 |
| direction | 设置文本方向 |
| line-height | 设置行高 |
| letter-spacing | 设置字符间距 |
| text-align | 对齐元素中的文本 |
| text-decoration | 向文本添加修饰 |
| text-indent | 缩进元素中文本的首行 |
| text-transform | 控制元素中的字母 |
| white-space | 设置元素中空白的处理方式 |

| 属　性 | 描　述 |
|---|---|
| word-spacing | 设置字间距 |
| font | 简写属性，作用是把所有针对字体的属性设置在一个声明中 |
| font-family | 设置字体系列 |
| font-size | 设置字体的尺寸 |
| font-style | 设置字体风格 |
| font-variant | 以小型大写字体或者正常字体显示文本 |
| font-weight | 设置字体的粗细 |

**任务实施**

**1. banner 背景制作**

利用 Photoshop 从设计稿切出 banner. jpg，得知该图片高 136px，宽 996px。

在 Box1 容器中，构建一个 div，并定义一个类 css 样式规则，取名为 banner。

**注意**：请在存放网页的文件中，再建立一个 images 文件夹，专门用于存储图片文件。

在处理网页背景的时候，继续使用 CSS 中 background 属性。

仔细观察设计稿，发现在 banner 图片下和导航条之间，有一条 1px 的白色边框和一条 2px 的黄色边框，由于一个容器在一个方向上只能设置一个颜色的边框，所以，这里把 1px 的白色边框设定在 banner 容器底部，而 2px 的黄色边框设置在导航容器的顶部。

在每一个模块制作开始之前，先去除该容器为了标识模块化布局的背景颜色，后面章节以此类推。

```
HTML Code:
< div class= "top"> < ! - - Box1- - >
    < div class= "banner"> < /div>
< /div>
CSS Code：
.top .banner{
    height:136px;/* 高度由设计稿 banner 切图而来,高度 136px,宽度 996px* /
    background:url(images/Banner.jpg);
    border-bottom:1px solid # fff;/* 1px 白色底部边框* /
    /* banner 的高度已经达到 137px,由 height 加 1px 的底部边框得来* /
}
```

banner 背景效果如图 4-10 所示。

图 4-10　banner 背景布局效果图

**2. 导航制作**

在 banner 背景布局完成之后，开始导航的制作。

在 div＋CSS 中，我们一般都会采用 ul、li 的列表标签来完成导航布局的制作。ul 标签是一个无序列表标签，它的子标签一般使用 li 标签。

在初始化页面的时候，已经对 ul 和 li 标签的 list-style 属性设置为 none，margin 和 padding 设置为 0，后面不需要再对这些属性进行设置。

在导航条中，每一个导航块都是有超链接的，所以，在制作过程中还要用到 a 标签来设置超链接。

**注意**：在导航条中的文本的样式控制，一般原则上是寻找包含文本最近的一个标签来控制文本的样式。

整个导航模块用 nav 来表示，nav 模块的高度是由 Box1 的高度减去 Banner 的高度得出的，所以 nav 模块的高度应该是 170px－137px＝33px。而 nav 的顶部有 2px 的黄边框，底部有 1px 的蓝色边框，所以 nav 的实际高度是 33px－3px＝30px。

制作过程中，要先给 li 容器里的 a 标签设定文本大小，使用 font-size 属性，设定为 14px，再设定文本颜色属性 color，设定值＃06559e，最后设定文字加粗属性 font-weight，设定值 700（注意这里不加 px 像素单位）。

然后计算 li 容器里包含最多的文字的宽度，这个案例中，最多文字是"毕业生就业"，则每个 li 容器的宽度最小应该是 14px×5＝70px；总共有 10 个 li 容器，而整个导航模块的宽度是 996px，所以可以把 li 容器的宽度设置为 90px，整个导航宽度就只有 900px，没超过导航模块的宽度。li 容器的高度和 nav 的高度保持一致为 30px。

效果如图 4-11 所示。

图 4-11　导航初步布局图

　　每一个 li 容器模块内只有一行文本，要对该文本进行水平居中，使用 text-align 属性取值 center 即可；要使其在垂直方向保持居中，需要对该容器设定 line-height 属性，并让 line-height 属性和 li 容器属性的高度保持一致，所以 line-height 取值 30px。

　　要把每一个 li 导航容器模块，排列成一行，必须对其使用浮动属性 float，在 ul 标签结束后，立即对其进行浮动清空。

　　效果如图 4-12 所示。

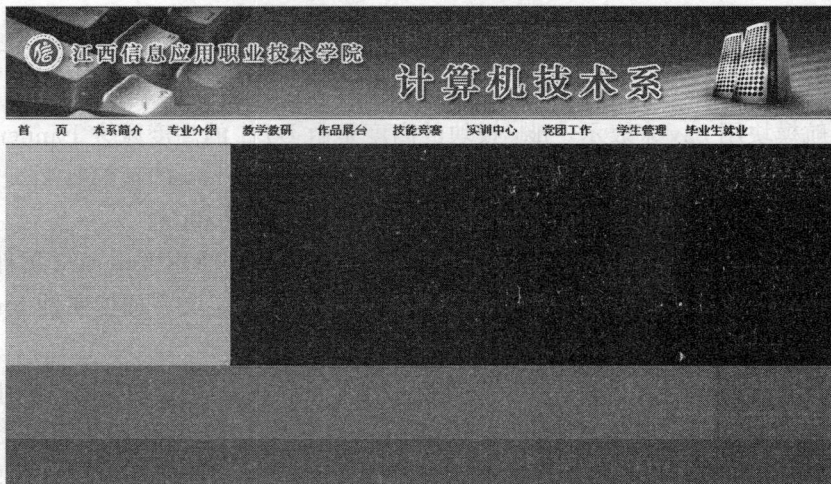

图 4-12　导航整体未居中

HTML Code：

```
< div class= "top"> < ! - - Box1- - >
    < div class= "banner"> < /div>
```

```html
< div class= "nav">
  < ul>
    < li> < a href= "# "> 首    页</a> </li>
    < li> < a href= "# "> 本系简介</a> </li>
    < li> < a href= "# "> 专业介绍</a> </li>
    < li> < a href= "# "> 教学教研</a> </li>
    < li> < a href= "# "> 作品展台</a> </li>
    < li> < a href= "# "> 技能竞赛</a> </li>
    < li> < a href= "# "> 实训中心</a> </li>
    < li> < a href= "# "> 党团工作</a> </li>
    < li> < a href= "# "> 学生管理</a> </li>
    < li> < a href= "# "> 毕业生就业</a> </li>
  < /ul>
  < div class= "clr"> < /div>
  < /div>
< /div>
```

CSS Code：

```css
.top .nav ul{
    width:900px;/* 10 个 li 的总和* /
    margin:0 auto;/* 导航整体居中* /
}
.top .nav ul li{
    width:90px;/* 取最大装载文字 li 的字数计算宽度,但是所有 li 的总宽度不超过 nav* /
    /* 总共 10 个 li,每个 li 宽度设置为 90 像素,刚好 900px,不超过 nav 的宽度* /
    height:30px;/* 高度值和父容器 nav 一致* /
    line- height:30px;/* 导航文字垂直居中,单行文本垂直居中需要把行高和容器高度设置相
    等* /
    text- align:center;/* 导航文字在 li 中水平居中* /
    float:left;/* 利用浮动让 li 容器排列成一行* /
}
.top .nav ul li a{
    color:# 06559e;/* 设定导航文本样式* /
    font- size:14px;/* 导航文字大小* /
    font- weight:700;/* 导航文字加粗* /
    display:block;/* 把超链接显示为块状,以避免反色效果只围绕文字* /
}
.top .nav ul li a:hover{
    color:# D9ECFD;/* 设置鼠标移动到链接上的反色效果* /
    background:# 06559e;
}
```

导航布局效果如图 4-13 所示。

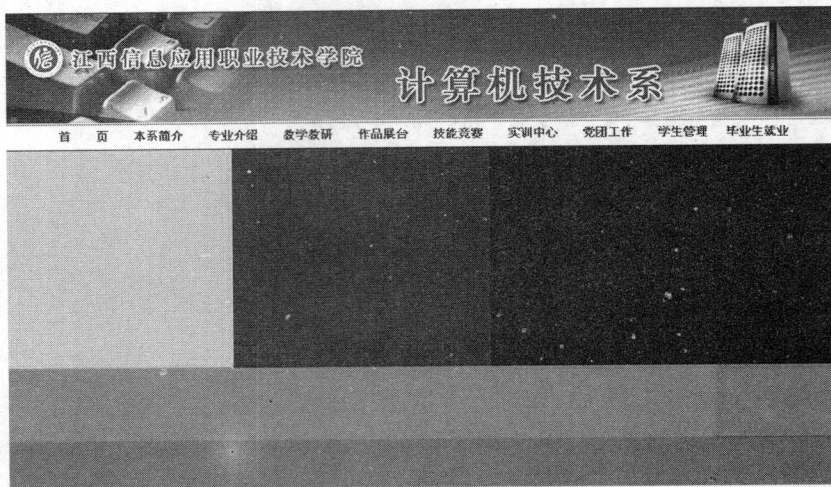

**图 4-13　导航布局完成效果图**

### 任务小结

通过本次任务，完成了一个网页的 banner 背景布局和导航 nav 制作。

（1）在完成任务过程中，要仔细注意 banner 图和 nav 导航之间的白色边框、黄色边框以及 nav 导航之下的蓝色边框；

（2）在导航中，要注意一个原则，寻找包含文本最近的一个标签来控制文本的样式；

（3）单行文本在容器中保持垂直居中，可以将文本所在容器的行高（line-height）和容器高度（height）设置为相同的值；

（4）每一个汉字都是正方形，计算 li 容器的最小宽度，只需要先设定字号，然后用字号的像素值和最多汉字的个数相乘即可；

（5）对 ul 内的 li 容器使用浮动后，要在 ul 标签结束时立即清空浮动。

# 任务三　列表美化布局

### 任务提出

完成一个标准模块化的网页中公告通知列表的制作和美化。

### 任务分析

在这个任务中，依据上文中的模块布局，可以分为三步。

（1）用 Photoshop 切出通知公告的背景图片和列表小图标；

（2）用背景定位和 ul、li 完成列表布局；

（3）用背景定位美化列表。

# 一、背景定位

对 background－position 属性的背景图定位，有两种方法。

**1. 像素值定位取像素值**

语法：background－position：$x$ 轴（px）$y$ 轴（px）。（如果只写一个值，则表示 $x$ 轴和 $y$ 轴都取同一个值）以容器左上角为零点，从左至右是 $x$ 轴，从上到下是 $y$ 轴。

例如，要将容器的背景图在容器内 $x$ 轴上平移 20px，在 $y$ 轴上平移 30px，则有：

```
background- position: 20px 30px
```

效果如图 4-14 所示。

图 4-14 像素值定位背景图

**2. 方向值定位（取方向值 top /bottom /centet /left /right）**

语法：background－position：$x$ 轴方向 $y$ 轴方向。

例如，要将容器在背景图的容器内保持水平居中（$x$ 轴方向），并保持在容器的底部（$y$ 轴方向），则有：

```
background- position: center bottom
```

效果图如图 4-15 所示。

图 4-15 方向值定位背景图

## 二、外边距属性 margin

　　margin 是容器的外边距，即容器边界以外的距离。如果两个容器分列布局的时候，需要在这两个容器之间有间距，外边距属性是最佳选择。关于 margin 属性的使用，如图 4-16 所示。

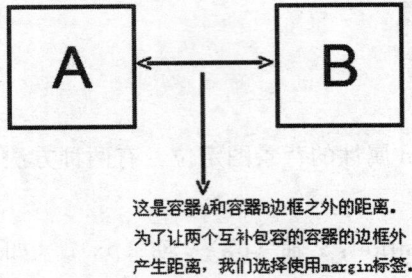

这是容器A和容器B边框之外的距离。
为了让两个互补包容的容器的边框外产生距离，我们选择使用margin标签。

图 4-16　margin 图解

　　关于外边距，还需要知道一件事，那就是重叠边距。垂直边距（标签之上和之下的边距）称作重叠，意思是只使用两个标签间边距的最大值。外边距只在块标签上重叠，并且是在垂直方向，不是水平方向。margin 的属性如表 4-6 所示。

表 4-6　margin 属性表

| 属　性 | 描　述 |
| --- | --- |
| margin | 简写属性。作用是在一个声明中设置标签的所外边距属性 |
| margin－bottom | 设置标签的下方外边距 |
| margin－left | 设置标签的左方外边距 |
| margin－right | 设置标签的右方外边距 |
| margin－top | 设置标签的上方外边距 |

## 三、padding 内填充属性

　　padding 是容器内填充属性，即对容器内部进行距离填塞。关于 padding 属性的使用，如图 4-17 所示。

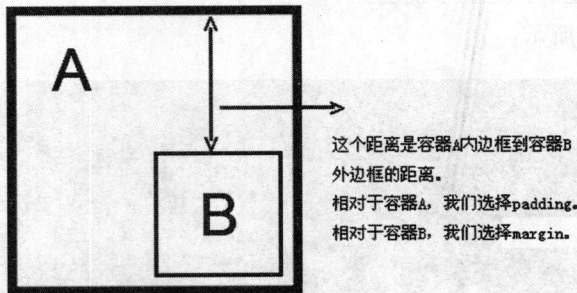

这个距离是容器A内边框到容器B外边框的距离。
相对于容器A，我们选择padding。
相对于容器B，我们选择margin。

图 4-17　padding 图解

该属性会改变容器的宽或高，即如果对容器上方或下方填充，则会增加容器的高度，同理，左右填充会增加容器的宽度。因此，要保证块状容器的总宽、高不变化，需要在进行填充后，对容器的宽或高减去相应的填充数值。padding 属性如表 4-7 所示。

**注意**：在对 margin 和 padding 两个属性的使用过程中，还可以采用上右下左的顺时针顺序来写值。例如：

margin:10px                  上下左右边距为 10px。

margin:10px 3px           上下边距为 10px，左右边距为 3px。

margin:10px 3px 5px      上边距为 10px，下边距为 5px，左右边距为 3px。

margin:10px 3px 5px 4px 上边距为 10px，下边距为 5px，左边距为 4px，右边距为 3px。

即：左值为空，则取右值；下值为空，则取上值；左、下、右值均为空，都上值。

表 4-7   padding 属性表

| 属 性 | 描 述 |
|---|---|
| padding | 简写属性，作用是在一个声明中设置标签的所内填充属性 |
| padding—bottom | 设置标签的下方内填充 |
| padding—left | 设置标签的左方内填充 |
| padding—right | 设置标签的右方内填充 |
| padding—top | 设置标签的上方内填充 |

**任务实施**

**1. 列表制作**

利用 Photoshop 从设计稿切出公告通知背景 bg_notice.jpg 和列表图标 ico_1.gif，计算得出通知公告（notice）这个模块整体高度是 190px，下面搜索模块的高度则由 Box2 的高度 270px 减去通知公告模块的高度，为 80px。

我们把这个容器的 CSS 取名为 notice，并把 bg_notice.jpg 设定为该容器的背景。效果如图 4-18 所示。

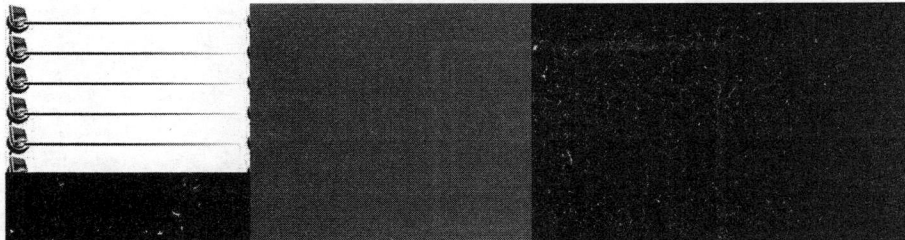

图 4-18   列表背景未去除重复布局图

因为背景图片 bg_notice 的长度小于 notice 容器的长度，为了防止它的重复出现，要对该容器使用 background-repeat 属性，并赋值为 no-repeat。效果如图 4-19 所示。

图 4-19　列表背景去除重复布局图

为了让背景图片在容器中实现一定位置的布局，可以使用 background－position 属性来定位。定位完背景后，我们从设计稿中得出，在容器的左侧有"通知公告"，右侧有"更多"的文字布局，可用两个 div 容器并使其一左一右浮动来完成这个布局，并定义相关文本样式。

HTML Code：

```
< div class= "bdy_news"> < ! – – Box2- - >
    < div class= "left"> < ! – – Box2_Left- - >
    < div class= "notice">
        < div class= "tit"> 通知< /div>
        < div class= "more">  < a href= "# "> [ 更多  ]< /a>  < /div>
        < div class= "clr"> < /div>
    < /div>
    < /div>
    < div class= "right"> < ! – – Box2_Right- - >
      < div class= "focus"> < /div> < ! – – Box2_Right_Left- - >
      < div class= "newslist"> < /div> < ! – – Box2_Right_Right- - >
      < div class= "clr"> < /div> < ! – –清空 Box2_Right_Left 和 Box2_Right_Right 的浮动- - >
    < /div>
    < div class= "clr"> < /div> < ! – –清空 Box2_Left 和 Box2_Right 的浮动- - >
< /div>
```

CSS Code：

```
.bdy_news .left .notice{
    height:190px;/* 高度由设计稿计算而来,高度 190px* /
    background:url(images/Bg_Notice.jpg) no- repeat 7px 0;
    /* 通过背景图片的像素值定位* /
}
.bdy_news .left .notice .tit{
    width:65px;/* 宽度由设计稿计算而来* /
    line- height:28px;/* 用行高来调整文本在容器中的垂直位置* /
```

```
        text- align:right;/* 文本居右对齐* /
        float:left;/* 利用浮动来完成两块文字的布局* /
        font- size:14px;/* 依据设计稿设定文本 14px* /
        font- weight:700;/* 依据设计稿设定文本加粗* /
        color:# 06559e;/* 依据设计稿设定文本颜色* /
}
.bdy_news .left .notice .more{
        width:65px;/* 宽度由设计稿计算而来* /
        line- height:28px;/* 用行高来调整文本在容器中的垂直位置* /
        text- align:right;/* 文本居右对齐* /
        float:right;/* 利用浮动来完成两块文字的布局* /
}
.bdy_news .left .notice .more a{
        color:# f00;/* 链接里的文本颜色设置红色* /
}
```

效果如图 4-20 所示。

图 4-20　列表背景及说明文字布局图

　　随后在容器中，继续使用 ul、li 来完成公告通知列表的制作。方法和导航类似，不需要对 li 容器使用浮动，不需要计算 li 的宽度。

　　HTML Code：

```
< div class= "notice">
        < div class= "tit"> 通知< /div>
        < div class= "more">  < a href= "# "> [ 更多  ]< /a>  < /
div>
        < div class= "clr"> < /div>
        < ul >
            < li> < a href= "# "> 通知信息通知信息通知信息通知信息< /a> < /li>
            < li> < a href= "# "> 通知信息通知信息通知信息通知信息< /a> < /li>
            < li> < a href= "# "> 通知信息通知信息通知信息通知信息< /a> < /li>
            < li> < a href= "# "> 通知信息通知信息通知信息通知信息< /a> < /li>
            < li> < a href= "# "> 通知信息通知信息通知信息通知信息< /a> < /li>
```

```
        < li> < a href= "# "> 通知信息通知信息通知信息通知信息< /a> < /li>
    < /ul>
< /div>
```

CSS Code：

```
.bdy_news .left .notice ul{
    padding:10px;/* 设定四个方向的内填充 10px,完成 li 列表的布局* /
}
.bdy_news .left .notice ul li{
    line- height:22px;/* 设定行高* /
}
.bdy_news .left .notice ul li a{
    color:# 000;/* 依据设计稿设定文本颜色* /
}
```

效果如图 4-21 所示。

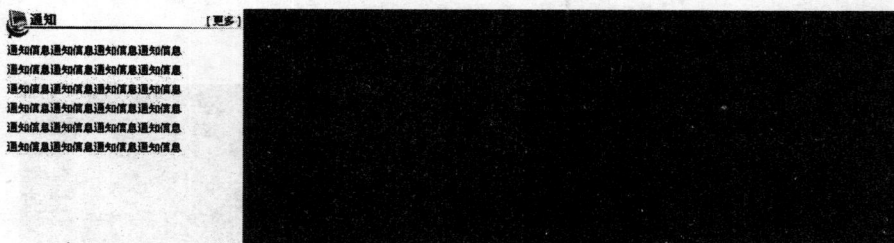

**图 4-21　列表布局完成图**

## 2. 列表美化

在美化的过程中，还需要对每个 li 容器设置 1px 点划线的下边框，以及在每个 li 容器的左侧增加一个小图标。

CSS Code：

```
.bdy_news .left .notice ul li{
    line- height:22px;/* 设定行高* /
    background:url(images/ico_1.gif) no- repeat 0 5px;
    /* 通过背景图片的像素值定位小图标* /
    padding:0 0 0 12px;/* 对 li 容器左边填充 12px,把文本向右挤开* /
    border- bottom: 1px dotted # 666; /* 对 li 容器设定 1px 的点划线下边框* /
}
```

效果如图 4-22 所示。

图 4-22　列表美化完成图

**任务小结**

通过本次任务，完成了一个网页的列表布局和美化。

（1）注意背景图的大小，使用像素值定位来完成背景图的布局；

（2）面对两个间距比较大的容器，可采用左右浮动的方式来完成布局；

（3）在 li 容器的图标美化中，使用 padding 属性来向右"挤"开文字，并使用像素值定位来完成 li 标签的美化。

# 任务四　表单美化布局

**任务提出**

完成一个标准模块化的网页中表单的制作和美化。

**任务分析**

在这个任务中，依据上文中的模块布局，可以分为三步：先完成搜索模块背景切图，再搜索模块的表单布局，最后进行表单的美化。

（1）用 Photoshop 切出搜索模块的背景图片；

（2）完成表单制作和布局；

（3）美化表单。

**相关知识**

表单在网页中主要是用于收集用户输入信息的一个控件集合。在这个集合中，有文本输入控件、密码输入控件、单选按钮控件、复选框控件、文本域控件、下拉选择菜单控件、提交按钮控件、重设按钮控件和普通按钮控件。表 4-8～表 4-13 为表单标签及其属性表。

表 4-8　表单标签表

| 标　　签 | 描　　述 |
|---|---|
| ＜form＞ | 定义供用户输入的表单 |
| ＜input＞ | 定义输入域 |
| ＜textarea＞ | 定义文本域（一个多行的输入控件） |
| ＜label＞ | 定义一个控制的标签 |
| ＜fieldset＞ | 定义域 |
| ＜legend＞ | 定义域的标题 |
| ＜select＞ | 定义一个选择列表 |
| ＜optgroup＞ | 定义选项组 |
| ＜option＞ | 定义下拉列表中的选项 |
| ＜button＞ | 定义一个按钮 |

表 4-9　form 标签属性表

| 属　性 | 值 | 描　述 |
|---|---|---|
| accept | MIME_type | 设置通过文件上传的文件的类型 |
| accept－charset | charset | 设置服务器所接收的字符集 |
| enctype | MIME_type | 设置数据在发送到服务器前的编码 |
| method | get、post | 设置如何发送表单数据 |
| name | name | 设置表单的名称 |
| target | _blank、_parent、_self、_top、framename | 设置在何处打开 action URL |

表 4-10　input 标签属性表

| 属　性 | 值 | 描　述 |
|---|---|---|
| checked | checked | 设置此 input 元素首次加载时应当被选中 |
| disabled | disabled | 当 input 元素加载时禁用此元素 |
| maxlength | number | 设置输入字段中的字符的最大长度 |
| name | field_name | 定义 input 元素的名称 |
| readonly | readonly | 设置输入字段为只读 |
| size | number_of_char | 定义输入文本的长度 |
| src | URL | 定义以提交按钮形式显示的图像的 URL |

续表

| 属　　性 | 值 | 描　　述 |
|---|---|---|
| type | button、checkbox、file、hidden、image、radio、password、reset、text、submit | 设置 input 元素的类型 |
| value | value | 设置 input 元素的值 |

表 4-11　select 标签属性表

| 属　　性 | 值 | 描　　述 |
|---|---|---|
| disabled | disabled | 设置禁用该下拉列表 |
| multiple | multiple | 设置可选择多个选项 |
| name | name | 设置下拉列表的名称 |
| size | number | 设置下拉列表中可见选项的数目 |

表 4-12　option 标签属性表

| 属　　性 | 值 | 描　　述 |
|---|---|---|
| disabled | disabled | 设置此选项应在首次加载时被禁用 |
| label | text | 定义当使用 <optgroup> 时所使用的标注 |
| selected | selected | 设置选项（首次在列表中显示时）为选中状态 |
| value | text | 定义送往服务器的选项值 |

表 4-13　textarea 标签属性表

| 属　　性 | 值 | 描　　述 |
|---|---|---|
| cols | number | 设置文本区内的可见宽度 |
| rows | number | 设置文本区内的可见行数 |
| disabled | disabled | 设置禁用该文本区 |
| name | name_of_textarea | 设置文本区的名称 |
| readonly | readonly | 设置文本区为只读 |

常见的表单 HTML Code：

```
< form name= "myform" method= "post" enctype= "multipart/form- data">
文本框：< input type= "text" name= "txt" /> < br />
密码框：< input type= "password" name= "pwd" /> < br />
复选框：1< input type= "checkbox" name= "cbox" />  2< input type= "checkbox" name= "cbox" /> < br />
单选按钮：A< input type= "radio" name= "rdio" />  B< input type= "radio" name= "rdio" /> < br />
```

```
文 本 域： < textarea name= "txta"> < /textarea> < br />
文 件 框： < input type= "file" name= "up" /> < br />
下 拉选择： < select name= "sct">
        < option value= "0"> 0号选择< /option> < option value= "1"> 1号选择< /option>
        < option value= " 2" > 2号选择< /option>
        < /select> < br />
```

< input type= " submit" value= " 提交按钮" /> < input type= " button" value= " 普通按钮" > < input type= " reset" value= " 重设按钮" />

```
< /form>
```

效果如图 4-23 所示。

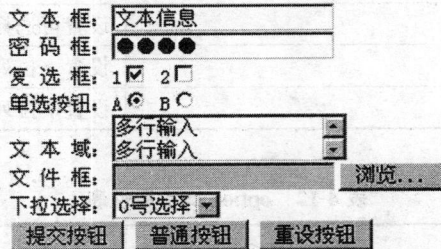

**图 4-23　常见表单效果图**

## 任务实施

### 1. 表单制作

首先，参照公告通知的模块布局，将搜索模块的背景图用 Photoshop 切出，并布局。
HTML Code：

```
< div class= "search">
        < div class= "tit"> 本站搜索< /div>
        < div class= "clr"> < /div>
< /div>
```

CSS Code：

```
.bdy_news .left .search{
    height:80px;/* 高度由总高度减去 notice 的高度计算而来,高度 80px* /
    background:url(images/Bg_Search.jpg) no- repeat 7px 0;
    /* 通过背景图片的像素值定位* /
}
.bdy_news .left .search .tit{
    width:95px;/* 宽度由设计稿计算而来* /
    line- height:28px;/* 用行高来调整文本在容器中的垂直位置* /
    text- align:right;/* 文本居右对齐* /
    float:left;/* 利用浮动来完成两块文字的布局* /
```

```
font- size:14px;/* 依据设计稿设定文本 14 像素* /
font- weight:700;/* 依据设计稿设定文本加粗* /
color:# 06559e;/* 依据设计稿设定文本颜色* /
}
```

效果如图 4-24 所示。

图 4-24　搜索背景布局图

在进行表单的制作之前，要了解表单的作用。

依据表单知识，可以在设计稿中看出，搜索模块的表单只需要用到文本框和提交按钮，下面开始制作搜索模块的表单。

HTML Code：

```
< div class= "search">
    < div class= "tit"> 本站搜索< /div>
    < div class= "clr"> < /div>
    < form action= "# " method= "post">
        < input class= "fi" type= "text" value= "请输入你要搜索文章的标题" />    < input class
= "fs" type= "submit" value= "搜索" />
    < /form>
< /div>
```

效果如图 4-25 所示。

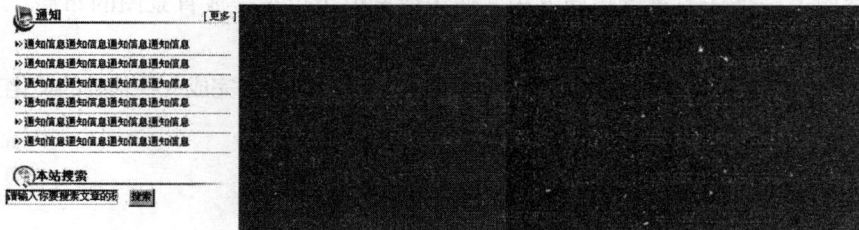

图 4-25　搜索表单制作完成图

## 2. 表单美化

在表单美化中，主要设置表单在容器内的水平居中，表单元素在表单内的水平居中，以及 input 元素的边框、大小和显示文字的字号大小、行高、颜色。

CSS Code：

```
.bdy_news .left .search form{
    margin:5px;/* form 标签外边距设置 5 像素* /
    text- align:center;/* 把 form 的内容对其方式设定为水平居中* /
}
.bdy_news .left .search form .fi{
    width:170px;/* input 长度设定 170px* /
    height:22px;/* input 文本框高度 22px* /
    line- height:22px;/* input 文本框内的文字垂直居中* /
    border:1px solid # 666;/* 美化文本框边框* /
    color:# 777;/* input 显示文本的颜色* /
    font- size:14px;/* input 显示文本的字号* /
}
```

效果如图 4-26 所示。

**图 4-26　搜索表单美化完成图**

**任务小结**

通过本次任务，完成了一个网页的表单布局和美化。

（1）参照上一个任务背景布局方法，使用像素值定位来完成背景图的布局；

（2）了解表单的功能，并熟练掌握表单制作；

（3）在 input 标签中，学会利用 CSS 的 border、color 等属性来完成一些基础的美化工作。

# 项目拓展实训（一）

## 一、实训名称

网页模块分析。

## 二、实训目的

（1）学会从一个标准化的网页来分析网页结构；

（2）把握标准化网页布局的原则，以浮动的方式来完成分析结构；

（3）掌握 CSS 的初步使用。

## 三、实训要求

（1）做好网页模块化分析的准备工作，对所选网页的产品及文化等方面有一定的了解；

（2）根据企业的特点和需求进行网页模块化分析；

（3）能利用 div＋CSS 布局技术参照现有网页按步骤进行模块化布局。

## 四、实训条件

Dreamweaver CS4、IE 浏览器（Internet Explorer 8.0）、火狐浏览器（Firefox 7.0）、谷歌浏览器（Chrome 14.0）。

## 五、实训内容

参照一个标准化布局的企业网页（如腾讯网首页，如图 4-27 所示），模仿其完成模块化结构布局。

图 4-27　腾讯网首页

# 项目拓展实训（二）

## 一、实训名称

标准化网页布局制作。

## 二、实训目的

（1）掌握 CSS 控制列表的属性；

（2）掌握 CSS 控制文本样式属性；

（3）掌握 CSS 控制背景样式属性；

（4）掌握 CSS 控制边框样式属性；

（5）掌握 CSS 控制容器高宽属性；

（6）掌握 CSS 控制外边距和内填充属性；

（7）初步掌握在图像中设置热点区域；

（8）初步掌握网页切图的方法。

## 三、实训要求

（1）做好计算机系网页模块化分析的准备工作；

（2）能利用 div＋CSS 布局技术参照现有网页按步骤的进行模块化制作。

## 四、实训条件

Dreamweaver CS4、IE 浏览器（Internet Explorer8.0）、火狐浏览器（Firefox7.0）、谷歌浏览器（Chrome14.0）

## 五、实训内容

完成设计稿的余下布局和制作，如图 4-28 所示。

图 4-28　计算机系首页

# 项目五　JavaScript 和 jQuery 应用

　　JavaScript 是一种广泛用于客户端 Web 开发的脚本语言，常用来给 HTML 网页添加动态功能，比如响应用户的各种操作等。从项目五开始，将着重讲解 JavaScript，以 JavaScript 表单验证、基于正则表达式的表单验证、基于 jQuery 的选项卡制作为主。

## 【学习目标】

　　（1）了解 JavaScript 在网页中的使用方法；
　　（2）掌握 JavaScript 表单验证的方法；
　　（3）掌握 JavaScript 中正则表达式的使用；
　　（4）掌握 jQuery 网页动画效果的制作方法。

## 任务一　JavaScript 表单验证

### 任务提出

　　在网站项目中，需要设计一个用户注册的表单。完成对用户注册表单的制作，并利用 JavaScript 完成相关数据的校验。

### 任务分析

　　在开始做这个任务的时候，先要完成表单的制作布局，再结合表单的 onsubmit 事件来编写函数完成相关的数据校验。
　　（1）表单制作布局；
　　（2）用 JavaScript 完成表单的校验函数编写。

### 相关知识

### 一、JavaScript 的概念

　　JavaScript 是一种基于对象和事件驱动并具有相对安全性的客户端脚本语言，同时也是一种广泛用于客户端 Web 开发的脚本语言，常用来给 HTML 网页添加动态功能，比如

响应用户的各种操作等。JavaScript 也可以用于其他场合，如服务器端编程。

## 二、JavaScript 的作用

JavaScript 是一种基于客户端浏览器的语言，用户在浏览中填表、验证的交互过程是通过浏览器对调入 HTML 文档中的 JavaScript 源代码进行解释执行来完成的，即使是必须调用 CGI 的部分，浏览器也只将用户输入验证后的信息提交给远程的服务器，这大大减少了服务器的开销。

JavaScript 有以下几个优点。

### 1. 简单性

JavaScript 是一种脚本编写语言，它采用小程序段的方式实现编程。像其他脚本语言一样，JavaScript 也是一种解释性语言，它提供了一个简易的开发过程。它的基本结构形式与 C、C++、VB、Delphi 十分类似；但它不像这些语言一样需要先编译，而是在程序运行过程中被逐行地解释。它与 HTML 标识结合在一起，方便用户的使用操作。

### 2. 动态性

JavaScript 是动态的，它可以直接对用户或客户输入做出响应，无须经过 Web 服务程序。它对用户的反映响应，是以事件驱动的方式进行的。所谓事件驱动，就是指在主页中执行了某种操作所产生的动作，比如按下鼠标、移动窗口、选择菜单等都可以视为事件。当事件发生后，可能会引起相应的事件响应。

### 3. 跨平台性

JavaScript 依赖于浏览器本身，与操作环境无关，只要计算机能运行浏览器，并且浏览器支持 JavaScript 就可以正确执行。

### 4. 交互性

随着 Web 的迅速发展，有许多 Web 服务器提供的服务要与浏览者进行交流，明确浏览的身份、校验用户数据等，这项工作通过由 CGI/PERL 编写相应的接口程序与用户进行交互来完成。服务器为一个用户运行一个 CGI 时，需要一个进程为它服务，它要占用服务器的资源（如 CPU 服务、内存耗费等），如果用户填表出现错误，交互服务占用的时间就会相应增加。被访问的热点主机与用户交互越多，对服务器的性能影响就越大。很显然，通过网络与用户的交互过程一方面增大了网络的通信量，另一方面影响了服务器的服务性能。

## 三、JavaScript 的使用

### 1. 链入外部 JavaScript 文件

代码如下：

```
< script src= "你的 js 路径链接地址" type= "text/javascript" > < /script>
```

例如：

```
< ! DOCTYPE html PUBLIC "- //W3C//DTD XHTML 1.0 Strict//EN" "http://www.w3.org/TR/xht-
ml1/DTD/xhtml1- strict.dtd">
< html xmlns= "http://www.w3.org/1999/xhtml">
< head>
< meta http- equiv= "Content- Type" content= "text/html; charset= utf- 8" />
< title> 无标题文档< /title>
< script src= "js/validate.js" type= "text/javascript" > < /script>
< /head>
< body>
< /body>
< /html>
```

**说明**：将 js 文件夹下的 validate. js 文件链接到这个 HTML 文档中。

**2. 定义内部 JavaScript**

在 HTML 文档中的<head>标签或<body>标签之间插入一个<script></script>标签。

定义方式示例如下：

```
< ! DOCTYPE html PUBLIC "- //W3C//DTD XHTML 1.0 Strict//EN" "http://www.w3.org/TR/xht-
ml1/DTD/xhtml1- strict.dtd">
< html xmlns= "http://www.w3.org/1999/xhtml">
< head>
< meta http- equiv= "Content- Type" content= "text/html; charset= utf- 8" />
< title> 无标题文档< /title>
< script type= "text/javascript">
//一般在 head 之间的 script 标记,存放函数程序
function hello(){
    alert("Hello World");
}
< /script>
< /head>
< body>
< script type= "text/javascript">
//一般在 body 之间的 script 标记,存放执行程序
hello();
< /script>
< /body>
< /html>
```

**注意**：script 标签，一般情况都放在<head></head>或<body></body>之内。

## 四、submit 事件

submit 事件会在表单中的"确认"按钮被单击时发生，使用方法有两种。

### 1. 在 form 标签内直接使用 submit 事件

```
< script type= "text/javascript">
var validateform= function(){
    //这里写表单校验
};
< /script>
< form action= "# " method= "post" name= "myform"onsubmit= "validateform()">
......
< /form>
```

### 2. 在 js 中直接使用 onsubmit 事件

鉴于结构、样式和行为的完全分离的原则，本书的表单验证将采用在 js 中直接使用 onsubmit 事件的方法。

```
< form action= "# " method= "post"name= "myform">
......
< /form>
< script type= "text/javascript">
//先获取表单名为 myform 的表单对象，因此要把 js 验证程序写在 form 之后。
document.forms['myform'].onsubmit= function(){
    //这里写表单校验
};
< /script>
```

## 五、表单取值

### 1. 文本框控件取值

首先取到表单对象，然后再由表单对象来按文本框控件的 name 属性来取 value。

```
var formObj= document.forms['表单的 name'];//获取表单对象
var _text= formObj.文本框控件的 name.value;//从表单对象中获取文本框控件的值
```

### 2. 判断单选控件

在表单中，单选控件都要赋予默认值，因此要先检测单选控件是否被选中，再取被选中控件的值。

要检测单选控件是否被选中，需要检测 checked 属性的值是否为 true。

```
var formObj= document.forms['表单的 name']; //获取表单对象
var _radio= formObj.单选控件的 name; //从表单对象中获取单选控件对象
var _radio_txt= ''; //用于存储被选中状态单选控件的值
for(var i= 0;i< _ radio.length;i+ + ){ //
    if(_radio[i].checked){ //校验是否有被选中的单选控件
        _radio_txt= _ radio[i].value; //取出被选中状态单选控件的值,只需要判断该值不为空
就能判断单选控件是否被选中
```

```
        }
    }
```

### 3. 判断复选控件

在表单中复选控件都需要赋予默认值，因此要先检测复选控件是否被选中，再取被选中控件的值。

要检测复选控件是否被选中，需要检测 checked 属性的值是否为 true。

```
var formObj= document.forms['表单的 name']; //获取表单对象
var _chkbox= formObj.复选控件的 name; //从表单对象中获取复选控件对象
var _chkbox_txt= ''; //用于存储被选中状态复选控件的值
for(var i= 0;i< _chikbox.length;i+ + ){ //
    if(_chikbox[i].checked){ //校验是否有被选中的复选控件
        _chikbox_txt+ = _chikbox[i].value+ '|'; //取出被选中状态复选控件的值,只需要判断
该值不为空就能判断复选控件是否被选中
    }
}
```

### 4. 下拉控件取值

在表单中，下拉控件的取值和文本框控件取值类似。

```
var formObj= document.forms['表单的 name'];//获取表单对象
var _select= formObj.下拉控件的 name.value;//从表单对象中获取下拉控件的值
```

### 5. 文本域控件取值

在表单中，文本域控件的取值和文本框控件取值类似。

```
var formObj= document.forms['表单的 name'];//获取表单对象
var _textarea= formObj.文本域控件的 name.value;//从表单对象中获取文本域控件的值
```

**注意**：在表单中所取到的值均为 string 类型。

## 六、函数的定义

在 JavaScript 程序中，由多条语句组成的逻辑单元被称为函数。在 JavaScript 程序中使用函数可以使代码更为简洁并具有重用性能。

函数是由关键字 function、函数名加一组参数以及置于大括号中需要执行的一段语句定义的。函数与其他的 JavaScript 代码一样，必须位于<SCRIPT></SCRIPT>标记之间，函数的基本语法如下：

```
< script type= "text/javascript">
    function functionName(parameters){
        some statements;
    }
< /script>
```

或者：

```
< script type= "text/javascript">
```

```
var functionName= function (parameters){
        some statements;
    }
< /script>
```

两种写法完全等价，但是在解析的时候，前一种写法会被解析器自动提升到代码的头部，违背了函数应该先定义后使用的要求，所以建议定义函数时，全部采用后一种写法。

**任务实施**

## 1. 表单制作

用前面所学的表单知识，制作如图 5-1 所示的表单。

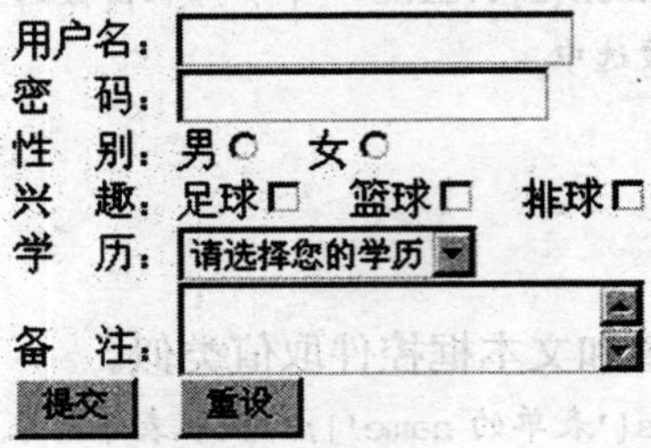

**图 5-1　表单效果图**

HTML Code：

```
< form action= "# " method= "post" name= "myform" enctype= "multipart/form- data">
用户名:< input type= "text" name= "uname" /> < br />
密　码:< input type= "password" name= "pwd" /> < br />
性　别:男< input type= "radio" name= "sex" value= "男" />
       女< input type= "radio" name= "sex" value= "女" /> < br />
兴　趣:足球< input type= "checkbox" name= "interest" value= "足球" />
       篮球< input type= "checkbox" name= "interest" value= "篮球" />
       排球< input type= "checkbox" name= "interest" value= "排球" /> < br />
学　历:< select name= "edu">
       < option value= "- 1"> 请选择您的学历< /option>
       < option value= "博士"> 博士< /option>
       < option value= "硕士"> 硕士< /option>
       < option value= "学士"> 学士< /option>
       < option value= "大专"> 大专< /option>
       < /select> < br />
备　注:< textarea name= "content" > < /textarea> < br />
< input type= "submit" value= "提交" />    < input type= "reset" value= "重设" />
```

```
< /form>
```

## 2. 利用 sumbit 事件编写校验函数

JavaScript Code：

```javascript
< script type= "text/javascript">
//获取表单名为 myform 的表单对象
var formObj= document.forms['myform'];
//编写表单 myform 的 onsubmit 事件
formObj.onsubmit= function(){
    //获取文本框控件 uname 的值
    var v_uname= formObj.uname.value;
    //获取文本框控件 pwd 的值
    var v_pwd= formObj.pwd.value;
    //获取单选控件 sex 对象
    var o_sex= formObj.sex;
    //设定一个变量 v_sex 用于存储 sex 对象被选中元素的值
    var v_sex= '';
    //获取复选控件 interest 对象
    var o_interest= formObj.interest
    //设定一个变量 v_interest 用于存储 interest 对象被选中元素的值
    var v_interest= '';
    //获取下拉控件 edu 对象的值
    var v_edu= formObj.edu.value;
    //获取文本域控件 content 对象的值
    var v_content= formObj.content.value;
    //遍历单选控件 sex 获取被选中对象的值
    for(var i= 0;i< o_sex.length;i+ + ){
      if(o_sex[i].checked){
        v_sex= o_sex[i].value;
      }
    }
    //遍历复选控件 interest 获取被选中对象的值
    for(var i= 0;i< o_interest.length;i+ + ){
      if(o_interest[i].checked){
        v_interest+ = o_interest[i].value+ ',';
      }
    }
    //如果 v_interest 的值不是初始化的空,则去除最后一个逗号
    if(v_interest! = ''){
      v_interest= v_interest.substr(0,(v_interest.length- 1));
    }
```

```
    //校验用户名
    if(v_uname.length< 6 || v_uname.length> 10){
        alert('用户名不能为空,请输入用户名!');
        return false;
    }
    //校验性别
    else if( v_sex= = '' ){
        alert('请选择性别');
        return false;
    }
    //校验兴趣爱好
    else if( v_interest= = '' ){
        alert('请选择兴趣爱好,至少一个');
        return false;
    }
    //校验学历
    else if(v_edu= = '- 1'){
        alert('请选择学历');
        return false;
    }
    //校验备注信息
    else if(v_content= = ''){
        alert('请填写备注');
        return false;
    }
    //将所输入的信息用一个 confirm 信息框弹出显示
    //利用 confirm 返回布尔值的特点,由用户最终来确定是否提交表单
    var txt = '您输入的姓名是:'+ v_uname+ '\n';
        txt+ = '您输入的性别是:'+ v_sex+ '\n';
        txt+ = '您输入的兴趣是:'+ v_interest+ '\n';
        txt+ = '您输入的学历是:'+ v_edu+ '\n';
    return confirm(txt);
}
< /script>
```

校验效果如图 5-2、图 5-3 所示。

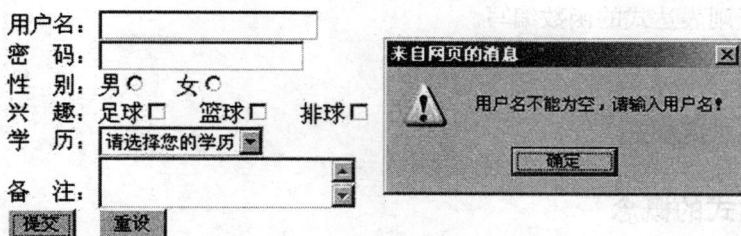

图 5-2　表单校验效果图

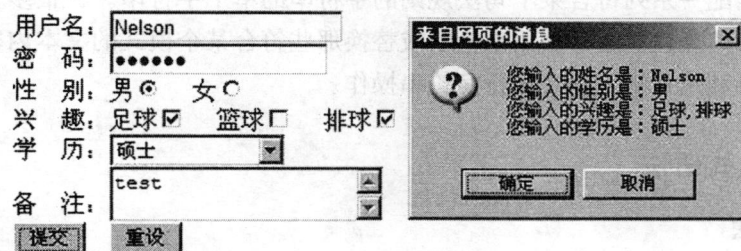

图 5-3　表单通过校验效果

**任务小结**

通过本次任务，完成了对用户注册表单的制作，并利用 JavaScript 完成相关数据的校验。

（1）熟悉 JavaScrip 的使用，并学会表单制作布局；

（2）用 JavaScrip 完成表单的校验函数编写并熟练掌握。

# 任务二　JavaScript 正则表达式表单验证

**任务提出**

在基于上一个任务的用户注册的表单中，需要增加 E-mail 验证、手机号验证以及对 QQ 号的格式验证，利用正则表达式完成相关数据的校验。

**任务分析**

在开始做这个任务的时候，首先要了解正则表达式的概念，并结合正则表达式来完成相关的数据校验。

（1）正则表达式的使用；

（2）分析 E-mail、手机号和 QQ 号的构成规则；

（3）基于正则表达式的函数编写。

**相关知识**

## 一、正则表达式的概念

正则表达式（Regular Expression、regex 或 regexp，RE），在计算机科学中是指一个用来描述或者匹配一系列符合某个句法规则的字符串的单个字符串。在很多文本编辑器或其他工具里，正则表达式通常被用来检索或替换那些符合某个模式的文本内容。许多程序设计语言都支持利用正则表达式进行字符串操作。

## 二、正则表达式语法

### 1. 直接语法

语法格式：

/pattern/attributes

例如：

var reg= /my/i

### 2. 创建 RegExp 对象的语法语法格式

new RegExp(pattern, attributes);

例如：

var reg= new RegExp('my','i');

参数 pattern 是一个字符串，指定了正则表达式的模式或其他正则表达式。

参数 attributes 是一个可选的字符串，包含属性 g、i 和 m，分别用于指定全局匹配、区分大小写的匹配和多行匹配。ECMAScript 标准化之前，不支持 m 属性。如果 pattern 是正则表达式，而不是字符串，则必须省略该参数。

### 3. RegExp 对象属性

RegExp 对象属性见表 5-1。

表 5-1　RegExp 对象属性

| 属　性 | 描　述 |
| --- | --- |
| global | RegExp 对象是否具有修饰符 g |
| ignoreCase | RegExp 对象是否具有修饰符 i |
| lastIndex | 一个整数，标示开始下一次匹配的字符位置 |
| multiline | RegExp 对象是否具有修饰符 m |
| source | 正则表达式的源文本 |

**4. RegExp 对象方法**

RegExp 对象方法见表 5-2。

表 5-2 RegExp 对象方法

| 属 性 | 描 述 |
|---|---|
| compile | 编译正则表达式 |
| exec | 检索字符串中指定的值，返回找到的值，并确定其位置 |
| test | 检索字符串中指定的值，返回布尔值 |

## 三、修饰符

在 JavaScript 中，正则表达式修饰符使用情况见表 5-3。

表 5-3 修饰符的使用情况

| 修饰符 | 描 述 |
|---|---|
| i | 执行对大小写不敏感的匹配 |
| g | 执行全局匹配（查找所有匹配而非在找到第一个匹配后停止） |
| m | 执行多行匹配 |

## 四、方括号

在 JavaScript 中，方括号用于查找某个范围内的字符，使用情况见表 5-4。

表 5-4 方括号

| 表达式 | 描 述 |
|---|---|
| [abc] | 查找方括号之间的任何字符 |
| [^abc] | 查找任何不在方括号之间的字符 |
| [0—9] | 查找任何从 0 至 9 的数字 |
| [a—z] | 查找任何从小写 a 到小写 z 的字符 |
| [A—Z] | 查找任何从大写 A 到大写 Z 的字符 |
| [A—z] | 查找任何从大写 A 到小写 z 的字符 |
| [adgk] | 查找给定集合内的任何字符 |
| [^adgk] | 查找给定集合外的任何字符 |
| (red | blue | green) | 查找任何指定的选项 |

## 五、元字符

在 JavaScript 中，元字符（Metacharacter）是拥有特殊含义的字符，使用情况见表 5-5。

表 5-5　元字符的使用情况

| 元字符 | 描　述 |
|---|---|
| . | 查找单个字符，除了换行和行结束符 |
| \ w | 查找单词字符 |
| \ W | 查找非单词字符 |
| \ d | 查找数字 |
| \ D | 查找非数字字符 |
| \ s | 查找空白字符 |
| \ S | 查找非空白字符 |
| \ b | 查找位于单词的开头或结尾的匹配 |
| \ B | 查找不处在单词的开头或结尾的匹配 |
| \ 0 | 查找 NUL 字符 |
| \ n | 查找换行符 |
| \ f | 查找换页符 |
| \ r | 查找回车符 |
| \ t | 查找制表符 |
| \ v | 查找垂直制表符 |
| \ xxx | 查找以八进制数 xxx 规定的字符 |
| \ xdd | 查找以十六进制数 dd 规定的字符 |
| \ uxxxx | 查找以十六进制数 xxxx 规定的 Unicode 字符 |

# 六、量词

在 JavaScript 中，量词使用情况见表 5-6。

表 5-6　量词的使用情况

| 量　词 | 描　述 |
|---|---|
| n+ | 匹配任何包含至少一个 n 的字符串 |
| n * | 匹配任何包含零个或多个 n 的字符串 |
| n? | 匹配任何包含零个或一个 n 的字符串 |
| n {X} | 匹配包含 X 个 n 的序列的字符串 |
| n {X, Y} | 匹配包含 X 或 Y 个 n 的序列的字符串 |
| n {X,} | 匹配包含至少 X 个 n 的序列的字符串 |
| n$ | 匹配任何结尾为 n 的字符串 |

续表

| 元字符 | 描　述 |
|---|---|
| ˆn | 匹配任何开头为 n 的字符串 |
| ?＝n | 匹配任何其后紧接指定字符串 n 的字符串 |
| ?! n | 匹配任何其后没有紧接指定字符串 n 的字符串 |

## 七、支持正则表达式的 String 对象的方法

支持正则表达式的 String 对象的方法见表 5-7。

表 5-7　支持正则表达式的 String 对象的方法

| 方　法 | 描　述 |
|---|---|
| search | 检索与正则表达式相匹配的值 |
| match | 找到一个或多个正则表达式的匹配 |
| replace | 替换与正则表达式匹配的子串 |
| split | 把字符串分割为字符串数组 |

## 八、常用正则表达式

正则表达式用于字符串处理、表单验证等场合，实用高效。现将一些常用的表达式收集于此，以备不时之需。

（1）匹配中文字符的正则表达式：

[\u4e00- \u9fa5]

（2）匹配双字节字符（包括汉字在内）的正则表达式：

[^\x00- \xff]

（3）匹配空白行的正则表达式：

\n\s* \r

（4）匹配 HTML 标记的正则表达式：

< (\S* ?)[^> ]* > .* ? < /\1> |< .* ? />

（5）匹配首尾空白字符的正则表达式：

^\s* |\s* $

（6）匹配 E-mail 地址的正则表达式：

/^([A- Z0- 9]+ [_|\_|\.]?)* [A- Z0- 9]+ @ ([A- Z0- 9]+ [_|\_|\.]?)* [A- Z0- 9]+ \. [A-Z]{2,4}$ /ig

（7）匹配网址 URL 的正则表达式：

[a- zA- z]+ ://[^\s]*

（8）匹配账号是否合法（字母开头，允许 5～16 字节，允许字母数字下划线）的正则表达式：

^[a- zA- Z][a- zA- Z0- 9_]{4,15}$

（9）匹配国内电话号码的正则表达式：

\d{3}- \d{8}|\d{4}- \d{7}

（10）匹配腾讯 QQ 号的正则表达式：

^[1- 9]\d{4,10}$

（11）匹配中国邮政编码的正则表达式：

[1- 9]\d{5}(?! \d)

（12）匹配 ip 地址的正则表达式：

\d+ \.\d+ \.\d+ \.\d+

（13）匹配特定数字的正则表达式：

```
^[1- 9]\d* $                                        //匹配正整数
^- [1- 9]\d* $                                       //匹配负整数
^- ? [1- 9]\d* $                                     //匹配整数
^[1- 9]\d* |0$                                       //匹配非负整数（正整数 + 0）
^- [1- 9]\d* |0$                                     //匹配非正整数（负整数 + 0）
^[1- 9]\d* \.\d* |0\.\d* [1- 9]\d* $                 //匹配正浮点数
^- ([1- 9]\d* \.\d* |0\.\d* [1- 9]\d* )$             //匹配负浮点数
^- ? ([1- 9]\d* \.\d* |0\.\d* [1- 9]\d* |0? \.0+ |0)$ //匹配浮点数
^[1- 9]\d* \.\d* |0\.\d* [1- 9]\d* |0? \.0+ |0$       //匹配非负浮点数（正浮点数 + 0）
^(- ([1- 9]\d* \.\d* |0\.\d* [1- 9]\d* ))|0? \.0+ |0$ //匹配非正浮点数（负浮点数 + 0）
```

（14）匹配特定字符串的正则表达式：

```
^[A- Za- z]+ $             //匹配由 26 个英文字母组成的字符串
^[A- Z]+ $                 //匹配由 26 个英文字母的大写组成的字符串
^[a- z]+ $                 //匹配由 26 个英文字母的小写组成的字符串
^[A- Za- z0- 9]+ $         //匹配由数字和 26 个英文字母组成的字符串
^\w+ $                     //匹配由数字、26 个英文字母或者下划线组成的字符串
```

**任务实施**

### 1. 编写校验的数据规则

（1）编写 E-mail 校验函数。

JavaScript Code：

```
//email 正则校验函数
var validate_email= function (str){
    //编写校验 email 的正则
    var reg_email= /^([A- Z0- 9]+ [_|\_|\.]?)* [A- Z0- 9]+ @ ([A- Z0- 9]+ [_|\_|\.]?)
* [A- Z0- 9]+ \.[A- Z]{2,4}$ /ig;
    //用 test 方法来匹配字符，并返回布尔值
    return reg_email.test(str);
```

```
}
```

（2）编写手机号校验函数。

JavaScript Code：

```
//手机号正则校验函数
var validate_cellphone= function (str){
    //编写校验手机号的正则
    var reg_cellphone= /^(13[0- 9]\d{8})|(14[57]\d{8})|(15[0- 35- 9]\d{8})|(18[05- 9]\
d{8})$ /g;
    //用 test 方法来匹配字符,并返回布尔值
    return reg_cellphone.test(str);
}
```

（3）编写 QQ 校验函数。

JavaScript Code：

```
//QQ 号正则校验函数
var validate_qq= function (str){
    //编写校验 QQ 号的正则
    var reg_qq= /^[1- 9]\d{4,10}$ /g;
    //用 test 方法来匹配字符,并返回布尔值
    return reg_qq.test(str);
}
```

**2. 利用正则函数校验数据**

（1）修改表单，增加 E-mail、手机号和 QQ 三个文本框控件。

HTML Code：

```
< form action= "# " method= "post" name= "myform" enctype= "multipart/form- data">
用户名:< input type= "text" name= "uname" /> < br />
密  码:< input type= "password" name= "pwd" /> < br />
E-mail:< input type= "text" name= "email" /> < br />
手机号:< input type= "text" name= "cellphone" /> < br />
Q  Q:< input type= "text" name= "qq" /> < br />
性  别:男< input type= "radio" name= "sex" value= "男" />
        女< input type= "radio" name= "sex" value= "女" /> < br />
兴  趣:足球< input type= "checkbox" name= "interest" value= "足球" />
        篮球< input type= "checkbox" name= "interest" value= "篮球" />
        排球< input type= "checkbox" name= "interest" value= "排球" /> < br />
学  历:< select name= "edu">
        < option value= "- 1"> 请选择您的学历< /option>
        < option value= "博士"> 博士< /option>
        < option value= "硕士"> 硕士< /option>
        < option value= "学士"> 学士< /option>
```

```
< option value= "大专"> 大专< /option>
< /select> < br />
```

备　注:< textarea name= "content" > < /textarea> < br />

< input type= "submit" value= "提交" />　　< input type= "reset" value= "重设" />

< /form>

效果如图 5-4 所示。

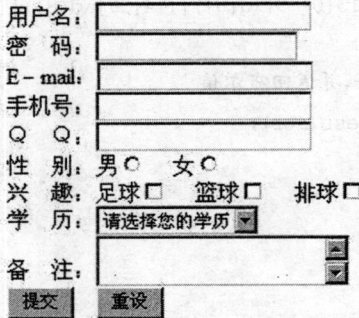

**图 5-4　表单效果图**

（2）利用正则函数来完成数据校验。

JavaScript Code：

```
< script type= "text/javascript">
//email 正则校验函数
var validate_email= function (str){
    //编写校验 email 的正则
    var reg_email= /^([A- Z0- 9]+ [_|\_|\.]?)* [A- Z0- 9]+ @ ([A- Z0- 9]+ [_|\_|\.]?)
* [A- Z0- 9]+ \.[A- Z]{2,4}$ /ig;
    //用 test 方法来匹配字符,并返回布尔值
    return reg_email.test(str);
}
//手机号正则校验函数
var validate_cellphone= function (str){
    //编写校验手机号的正则
    var reg_cellphone= /^(13[0- 9]\d{8})|(14[57]\d{8})|(15[0- 35- 9]\d{8})|(18[05- 9]\
d{8}))$ /g;
    //用 test 方法来匹配字符,并返回布尔值
    return reg_cellphone.test(str);
}
//QQ 号正则校验函数
var validate_qq= function (str){
    //编写校验 QQ 号的正则
```

```
        var reg_qq= /^[1- 9]\d{4,10}$ /g;
        //用 test 方法来匹配字符,并返回布尔值
        return reg_qq.test(str);
}
//获取表单名为 myform 的表单对象
var formObj= document.forms['myform'];
//编写表单 myform 的 onsubmit 事件
formObj.onsubmit= function(){
        //获取文本框控件 uname 的值
        var v_uname= myform.uname.value;
        //获取文本框控件 pwd 的值
        var v_pwd= myform.pwd.value;
        //获取文本框控件 email 的值
        var v_email= myform.email.value;
        //获取文本框控件 cellphone 的值
        var v_cellphone= myform.cellphone.value;
        //获取文本框控件 qq 的值
        var v_qq= myform.qq.value;
        //获取单选控件 sex 对象
        var o_sex= myform.sex;
        //设定一个变量 v_sex 用于存储 sex 对象被选中元素的值
        var v_sex= '';
        //获取复选控件 interest 对象
        var o_interest= myform.interest
        //设定一个变量 v_interest 用于存储 interest 对象被选中元素的值
        var v_interest= '';
        //获取下拉控件 edu 对象的值
        var v_edu= myform.edu.value;
        //获取文本域控件 content 对象的值
        var v_content= myform.content.value;
        //遍历单选控件 sex 获取被选中对象的值
        for(var i= 0;i< o_sex.length;i+ + ){
          if(o_sex[i].checked){
            v_sex= o_sex[i].value;
          }
        }
        //遍历复选控件 interest 获取被选中对象的值
        for(var i= 0;i< o_interest.length;i+ + ){
          if(o_interest[i].checked){
            v_interest+ = o_interest[i].value+ ',';
```

```
        }
    }
    //如果 v_interest 的值不是初始化的空,则去除最后一个逗号
    if(v_interest! = ''){
        v_interest= v_interest.substr(0,(v_interest.length- 1));
    }
    //校验用户名
    if(v_uname.length< 6 || v_uname.length> 10){
        alert('用户名不能为空,请输入用户名! ');
        return false;
    }
    //校验 email
    else if( ! validate_email(v_email) ){
        alert('请输入规范的 E-mail 格式');
        return false;
    }
    //校验手机号
    else if( ! validate_cellphone(v_cellphone) ){
        alert('请输入正确的手机号');
        return false;
    }
    //校验 QQ
    else if( ! validate_qq(v_qq) ){
        alert('请输入规范的 QQ 号');
        return false;
    }
    //校验性别
    else if( v_sex= = '' ){
        alert('请选择性别');
        return false;
    }
    //校验兴趣爱好
else if( v_interest= = '' ){
        alert('请选择兴趣爱好,至少一个');
        return false;
    }
    //校验学历
    else if(v_edu= = '- 1'){
        alert('请选择学历');
        return false;
```

```
    }
    //校验备注信息
    else if(v_content= = ''){
        alert('请填写备注');
        return false;
    }
    //将所输入的信息用一个 confirm 信息框弹出显示
    //利用 confirm 返回布尔值的特点,由用户最终来确定是否提交表单
    var txt = '您输入的姓名是:'+ v_uname+ '\n';
        txt+ = '您输入的性别是:'+ v_sex+ '\n';
        txt+ = '您输入的 E-mail 是:'+ v_email+ '\n';
        txt+ = '您输入的手机是:'+ v_cellphone+ '\n';
        txt+ = '您输入的 QQ 是:'+ v_qq+ '\n';
        txt+ = '您输入的兴趣是:'+ v_interest+ '\n';
        txt+ = '您输入的学历是:'+ v_edu+ '\n';
    return confirm(txt);
}
< /script>
```

完成数据校验效果如图 5-5 所示。

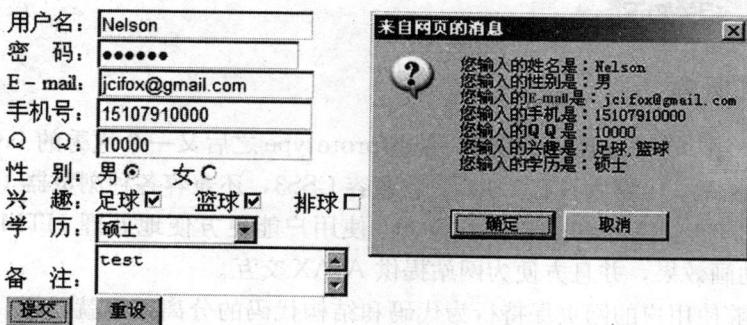

**图 5-5 校验通过效果图**

## 任务小结

通过本次任务,了解正则表达式的概念,并结合正则表达式来完成相关的数据校验。
(1) 正确使用正则表达式;
(2) 编写 E—mail、手机号和 QQ 校验函数;
(3) 利用正则函数完成数据校验。

# 任务三　jQuery 制作选项卡

**任务提出**

在一个网页中，需要制作一个选项卡，以便在一块容器中显示出更多的文本信息，来解决容器复用的问题。

**任务分析**

在开始这个任务的时候，要了解选项卡的概念，并结合 CSS 和 jQuery 的知识来完成制作。

(1) 利用 CSS+div 完成选项卡的模块制作；

(2) 掌握 jQuery 在网页中的使用；

(3) 利用 jQuery 对选项卡 click 事件进行控制。

**相关知识**

## 一、jQuery 的概念

jQuery 由美国人 John Resig 创建，是继 prototype 之后又一个优秀的 JavaScript 框架。它是轻量级的 js 库（压缩后只有 21k），它兼容 CSS3，还兼容各种浏览器（IE 6.0＋，FF 1.5＋，Safari 2.0＋，Opera 9.0＋）。jQuery 使用户能更方便地处理 HTML documents、events，实现动画效果，并且方便为网站提供 AJAX 交互。

jQuery 能够使用户的网页保持行为代码和结构代码的分离，也就是说，不用再在 html 标签里面插入一堆 js 事件来调用函数，只需定义 id 即可。

## 二、jQuery 的使用

### 1. 在网页中加载 jQuery 文件

jQuery 文件可以到 jQuery 官方网站（www. jquery. com）下载，请下载 jQuery 的 Production 版文件，这个版本属于压缩版，减小了文件体积，非常适合运用于网页开发制作之中，本书中使用的 jQuery 文件基于 jQ1.6.2Production 版本（即 jquery—1.6.2. min. js）。

HTML Code：

`< script type= "text/javascript" src= "jquery- 1.6.2.min.js"> < /script>`

### 2. 在网页中利用 jQuery 取 id 对象节点

在网页中利用 jQuery 取 id 对象节点，与 js 中使用 getElementById 不同，使用的是

$('#idname')。

HTML Code：
```
< div id= "ex1" title= "这是一个 div 容器,id值是 ex1"> < /div>
```

jQuery Code：
```
< script type= "text/javascript">
//取出 id 为 ex1 对象的 title 属性的值
document.write($ ('# ex1').attr('title'));
< /script>
```

在网页里输出：

这是一个 div 容器，id值是 ex1

### 3. 在网页中利用 jQuery 取 class 对象节点

在网页中利用 jQuery 取 class 对象节点，与 js 中使用 getElementsByClassName（HTML5 中的 DOM3 新增的 js 取对象选择符）不同，使用的是 $('.classname')。

因为 class 在网页中是可复用的，所以 jQ 取到的 class 对象将会以一个集合形式存在。

HTML Code：
```
< divclass= "ex1" title= "这是一个 div 容器,class 值是 ex1,第一个 div"> < /div>
< divclass= "ex1" title= "这是一个 div 容器,class 值是 ex1,第二个 div"> < /div>
```

jQuery Code：
```
< script type= "text/javascript">
//用一个 for 循环来遍历 class 对象集合
for (var i= 0 ; i< $ ('.ex1').length ;i+ + ){
    //集合对象:eq(index),可以利用 eq 属性来去集合对象中的子对象
    document.write($ ('.ex1:eq('+ i+ ')').attr('title') + '< br /> ');
}
< /script>
```

在网页里输出：

这是一个 div 容器，class 值是 ex1，第一个 div
这是一个 div 容器，class 值是 ex1，第二个 div

### 4. 在网页中加载事件

在网页中利用 jQuery 完成加载事件，与 js 中使用 window. onload 不同，使用的是 $ (document). ready。

加载事件是用于网页打开后，立即执行的一个事件，主要用于网页初始化的一些行为设定。

jQuery Code：
```
< script type= "text/javascript">
$ (document).ready(function() {
    document.write('Hello World! ');
});
```

```
</script>
```

在网页里输出：

Hello World

## 三、jQuery API 的使用

jQuery 语法和相关的属性都可以在 jQuery API 里找到，本书提供的 jQuery API 源于王子墨先生友情提供的 jQuery 1.6 版本，jQuery API 界面如图 5-6 所示。

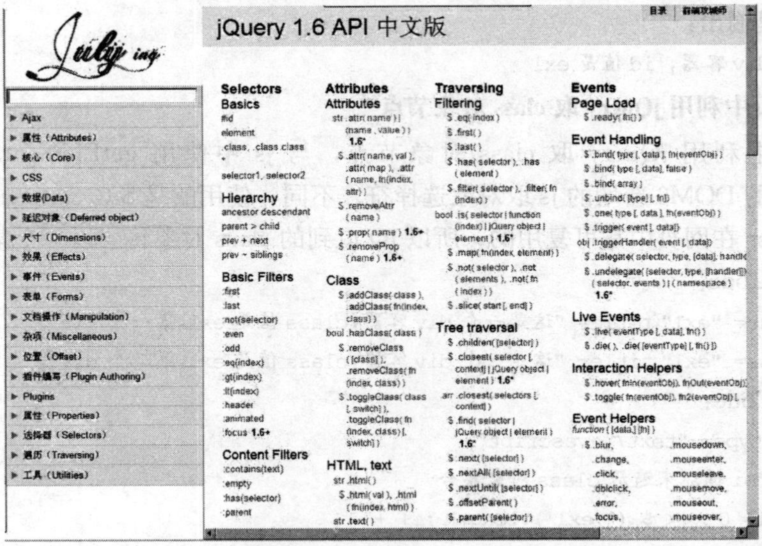

**图 5-6　jQuery API 界面**

下载地址：http://julying.com/jQuery—1.6—api/download/jQuery—1.6—api.zip
在线浏览：http://julying.com/jQuery—1.6—api/

**任务实施**

### 1. 制作选项卡布局

选项卡之所以在网页中应用，是因为它能在有限的网页平面空间中，展示更多的文本信息。

本任务所制作的选项卡效果图如图 5-7 所示。

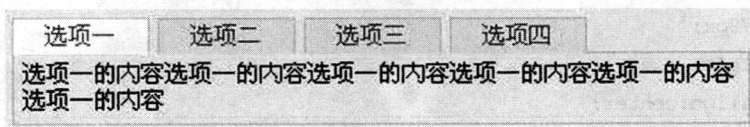

图 5-7 选项卡效果图

首先在网页中制作选项卡的布局。

CSS Code：

```
/*
设定选项卡容器的大小和背景色
以及选项卡容器内的文字大小
/*
设定选项卡容器的大小和背景色
以及选项卡容器内的文字大小
* /
.tab{
    width:435px;
    background:# ddd;
    padding:5px;
    font- size:14px;
}
/*
初始化选项卡的 ul 属性
* /
.tab ul{
    list- style:none;
    padding:0;
    margin:0;
}
/*
为选项卡导航的 li 容器设定样式
* /
.tab li{
    border:1px solid # c5c4c4;
    border- bottom:none;
    color:# 676767;
    cursor:pointer;
    margin:0 5px 0 0;
    padding:1px 0 0;
```

```
        width:79px;
        float:left;
        text- align:center;
        line- height:20px;
        background:# d7d7d7;
    }
    /*
设定选项卡导航最后一个占位容器的样式
    * /
    .tab .last{
        width:96px;
        border:0;
        margin:0 0 0 - 5px;
        border- bottom:1px solid # c5c4c4;
        background:none;
    }
    /*
设定当前选中选项卡导航 li 容器的样式
    * /
    .tab .current{
        background:# fff;
    }
    /*
设定选项卡内容容器的样式
    * /
    .tab # tabcontent{
        width:423px;
        border:1px solid # c5c4c4;
        border- top:none;
        padding:5px;
    }
```

HTML Code：
```
< div class= "tab">
    < ! - - 选项卡导航布局- - >
    < div id= "tabnav">
        < ul>
            < li class= "current"> 选项一< /li>
            < li> 选项二< /li>
            < li> 选项三< /li>
            < li> 选项四< /li>
```

```
        < ! - - last 这个 li 容器是为了占位以显示下边框- - >
        < li class= "last"> < /li>
        < div style= "clear:both"> < /div>
    < /ul>
< /div>
< ! - - 选项卡内容布局- - >
< div id= "tabcontent">
    < div class= "content"> 选项一的内容选项一的内容选项一的内容选项一的内容选项一
的内容选项一的内容< /div>
    < div class= "content"> 选项二的内容选项二的内容选项二的内容选项二的内容选项二
的内容选项二的内容< /div>
    < div class= "content"> 选项三的内容选项三的内容选项三的内容选项三的内容选项三
的内容选项三的内容< /div>
    < div class= "content"> 选项四的内容选项四的内容选项四的内容选项四的内容选项四
的内容选项四的内容< /div>
    < /div>
< /div>
```

布局效果如图 5-8 所示。

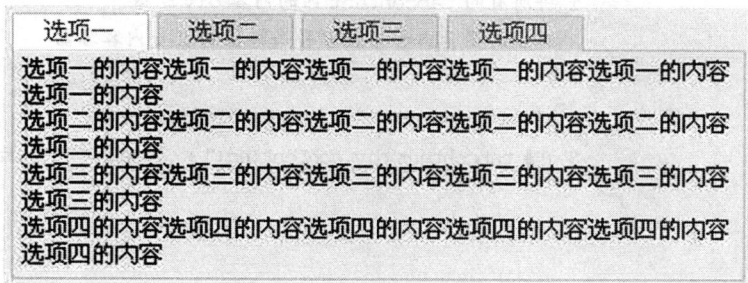

**图 5-8　选项卡布局效果图**

## 2. 为选项卡增加 jQuery 行为

在增加 jQuery 行为之前，首先明白选项卡的工作状态。

当单击【选项一】的时候，应该在选项卡内容中显示【选项一】的内容，以此类推。
所以，我们这里将应用 click 事件来完成选项卡的行为控制。

jQuery Code：

```
< script type= "text/javascript">
$ (document).ready(
function(){
    /* 先取得 tabcontent 这个容器
    只显示排列在第一的 class 为 content 的 div 容器
    * /
```

```
$ ("# tabcontent div.content:not(:first)").hide();
/*
除了最后一个占位 last 容器之外,遍历 tabnav 的 li 导航容器
均赋予一个 click 事件
*/
$ ("# tabnav li:not(.last)").each(
    function(index){
        $ (this).click(
            function(){
                /*
                将当前单击的 tabnav 的 li 容器的样式增加一个 current
                1\将当前有 current 这个样式的容器去掉
                2\将当前的容器增加 current 这个样式
                */
                $ ("# tabnav li.current").removeClass("current");
                $ (this).addClass("current");
                /*
                对应的显示 tabcontent 中的内容
                1\将所有的 tabcontent 内的内容 div 隐藏
                2\对应的显示出和导航索引一样值的 div 内容容器
                */
                $ ("# tabcontent > div:visible").hide();
                $ ("# tabcontent div.content:eq(" + index + ")").fadeIn('slow');
            }
        )
    }
)
});
< /script>
```

制作完成的效果如图 5-9 所示。

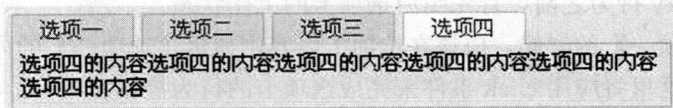

| 选项一 | 选项二 | 选项三 | 选项四 |

选项四的内容选项四的内容选项四的内容选项四的内容选项四的内容
选项四的内容

图 5-9　选项卡制作完成图

**任务小结**

通过本次任务,了解选项卡的概念,结合 CSS 和 jQuery 的知识制作选项卡。

（1）掌握制作选项卡的布局知识；

（2）学会为选项卡添加 jQuery 行为。

# 任务四　jQuery 制作 5 图焦点图

### 任务提出

在一个网页中，需要制作一个 5 图焦点图，用以在一个容器内显示出更多的图片信息，以解决容器复用的问题。

### 任务分析

在开始这个任务的时候，要了解焦点图的概念，并结合 CSS 和 jQuery 的知识来完成制作。

（1）利用 CSS＋div 完成 5 图焦点图的模块制作；

（2）利用 jQuery 对 5 图焦点图 mouseover 事件进行控制。

### 相关知识

setInterval（）方法可按照指定的周期（以毫秒计）来调用函数或计算表达式。

setInterval（）方法会不停地调用函数，直到 clearInterval（）被调用或窗口被关闭。由 setInterval（）返回的 ID 值可用作 clearInterval（）方法的参数。

语法：

```
setInterval(code,millisec[,"lang"])
```

说明：

code：要调用的函数或要执行的代码串（必填）。

millisec：周期性执行或调用 code 之间的时间间隔，单位毫秒（必填）。

范例：

```
< input type= "text" id= "clock" />
    < script type= "text/javascript" >
    var int= self.setInterval("clock()",50)
    function clock(){
        var t= new Date();
        document.getElementById("clock").value= t;
        }
    < /script>
```

```
< /form>
< input type= "button" onclick= "int= window.clearInterval(int)" value= "停止计时" />
```

**任务实施**

jQuery 焦点图制作一般步骤：

（1）完成 5 图焦点图布局；

（2）针对 5 图焦点图来完成 jQuery 的事件控制。

**1. 制作焦点图布局**

焦点图之所以在网页中应用，是因为它能在有限的网页平面空间中，展示更多的图文信息。

本任务所制作的 5 图焦点图效果图如图 5-10 所示。

**图 5-10　5 图焦点图效果图**

首先在网页中制作 5 图焦点图的布局。

CSS Code：

```
/* 定义焦点图容器* /
.focus{
    width:300px;
    height:250px;
    background:# ddd;
    font- size:12px;
    position:relative;
}
/* 将焦点图的图片容器定义为底层* /
.focus # focuspic{
    width:300px;
    height:250px;
    position:absolute;
```

```
    top:0;
    left:0;
    z- index:0;
    overflow:hidden;
}
/* 初始化 ul* /
.focus # focuspic ul,.focus # focusnav ul{
    list- style:none;
    padding:0;
    margin:0;
}
/* 定义焦点图图片容器的 li 样式* /
.focus # focuspic ul li{
    width:300px;
    height:250px;
    float:none;
}
/* 定义焦点图图片容器中的图片样式* /
.focus # focuspic img{
    width:300px;
    height:250px;
    border:none;
}
/* 定义焦点图的标题容器样式* /
.focus # focustitle{
    width:300px;
    height:20px;
    line- height:20px;
    text- align:center;
    color:# fff;
    position:absolute;
    top:0;
    left:0;
    background:# 333;
    z- index:10;
}
/* 定义焦点图导航容器样式* /
.focus # focusnav{
    width:150px;
    height:18px;
```

```
    position:absolute;
    bottom:10px! important;
    bottom:5px;
    right:10px! important;
    right:- 10px;
    z- index:9;
}
/* 定义焦点图导航容器 li 样式* /
.focus # focusnav ul li{
    width:16px;
    height:16px;
    border:1px solid # 000;
    line- height:16px;
    text- align:center;
    float:left;
    /* 防止在 IE6 中左边距翻倍* /
    margin:0 0 0 10px! important;
    margin:0 0 0 5px;
    display:block;
    cursor:pointer;
    font- family:Arial;
}
/* 定义焦点图导航容器被选中状态样式* /
.focus # focusnav .current{
    background:# 333;
    color:# FFF;
    font- weight:700;
}
```

HTML Code：

```html
< div class= "focus">
    < div id= "focuspic"> < /div>
    < div id= "focustitle"> < /div>
    < div id= "focusnav">
        < ul>
            < li> 1< /li>
            < li> 2< /li>
            < li> 3< /li>
            < li> 4< /li>
            < li> 5< /li>
        < /ul>
```

```
        < div style= "clear:both"> < /div>
    < /div>
< /div>
```

布局效果如图 5-11 所示。

图 5-11　5 图焦点图布局效果图

### 2. 为焦点图增加 jQuery 行为

在增加 jQuery 行为之前，首先明白焦点图的工作状态。

当鼠标移动到导航 1 的时候，应该在焦点图容器中显示焦点图 1 的内容，以此类推。
所以，这里将应用 mouseover 事件来完成选项卡的行为控制。

当鼠标不在焦点图对象上的时候，焦点图应该自动切换，这需要 setInterval 来完成。

jQuery Code：

```
< script type= "text/javascript">
//定义焦点图的资源
var path= 'images/';
var pic= ['first.jpg','second.jpg','third.jpg','fourth.jpg','fifth.jpg'];
var txt= ['第一个焦点图','第二个焦点图','第三个焦点图','第四个焦点图','第五个焦点图'];
var links= ['# ','# ','# ','# ','# '];
var sw= 1;
$ (document).ready(
function(){
    //页面初始化,在 focuspic 容器里增加一个 ul 容器,并在 ul 容器里添加 5 个 li 容器
    $ ("# focuspic").append("< ul> < li> < /li> < li> < /li> < li> < /li> < li> < /li
> < li> < /li> < /ul> ");
    //页面初始化,向 focuspic 容器里每一个 li 写入图片和对应链接
    $ ("# focusnav li").each(function(index){
        $ ('# focuspic li:eq('+ index+ ')').html('< a target= "blank" href= "'+
links[index]+ '"> < img src= '+ path+ pic[index]+ ' /> < /a> ');
    });
    //页面初始化,调用第一组焦点图元素
```

```
$ ('# focustitle').html(txt[0]);
$ ('# focusnav li:eq(0)').addClass('current');
$ ('# focuspic li').hide();
$ ('# focuspic li:eq(0)').fadeIn('slow');
//定义焦点图显示
var show= function(index){
    /*
    将当前的 focusnav 的 li 容器的样式增加一个 current
    1\将当前有 current 这个样式的容器去掉
    2\将当前的容器增加 current 这个样式
    * /
    $ ('# focusnav li.current').removeClass('current');
    $ ('# focusnav li:eq('+ index+ ')').addClass('current');
    /*
    向 focustitle 写入对应索引值的 txt 信息
    * /
    $ ('# focustitle').html(txt[index]);
    /*
    对应的显示 focuspic 中的内容
    1\将所有的 focuspic 中 li 容器隐藏
    2\对应的显示出和索引一样值的 li 内容容器
    * /
    $ ('# focuspic li').hide();
    $ ('# focuspic li:eq('+ index+ ')').fadeIn('slow');
}
//鼠标移动到导航 li 上的事件
$ ("# focusnav li").each(function(index){
    $ (this).mouseover(function(){
        show(index);
    });
});
//鼠标移动到 focusnav 容器上停止自动切换,移出则开始自动切换
$ ("# focusnav").hover(function(){
    if(autoShow){
        clearInterval(autoShow);
    }
},function(){
    autoShow= setInterval(function(){          show(sw);
        sw+ + ;
        if(sw= = 5){sw= 0;}
```

```
    } , 5000);
});


//自动切换焦点图
var autoShow =  setInterval(function(){
    show(sw);
    sw+ + ;
    if(sw= = 5){sw= 0;}
} , 5000);
});
< /script>
```

制作完成的效果如图 5-12 所示。

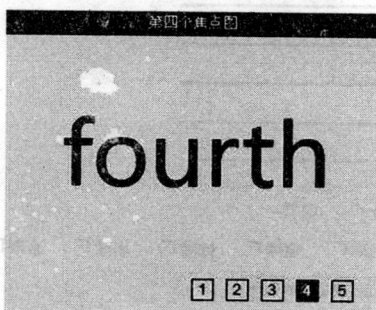

**图 5-12　5 图焦点图制作完成图**

**任务小结**

通过本次任务，了解焦点图的概念，结合 CSS 和 jQuery 的知识完成制作。

（1）用 CSS＋div 完成 5 图焦点图的布局；

（2）利用 jQuery 对 5 图焦点图的 mouseover 事件进行控制。

# 项目拓展实训（一）

## 一、实训名称

基于正则表达式的注册表单验证。

## 二、实训目的

（1）学会完成一个表单的制作；

（2）掌握正则表达式的编写；

（3）掌握利用正则表达式来完成表单验证。

### 三、实训要求

(1) 做好表单设计的准备工作；

(2) 利用 HTML 知识完成表单制作；

(3) 利用 JavaScript 和正则表达式的知识完成表单的数据校验。

### 四、实训条件

Dreamweaver CS4、IE 浏览器(Internet Explorer8.0)、火狐浏览器(Firefox7.0)、谷歌浏览器(Chrome14.0)

### 五、实训内容：

制作一个注册表单，如图 5-13 所示。

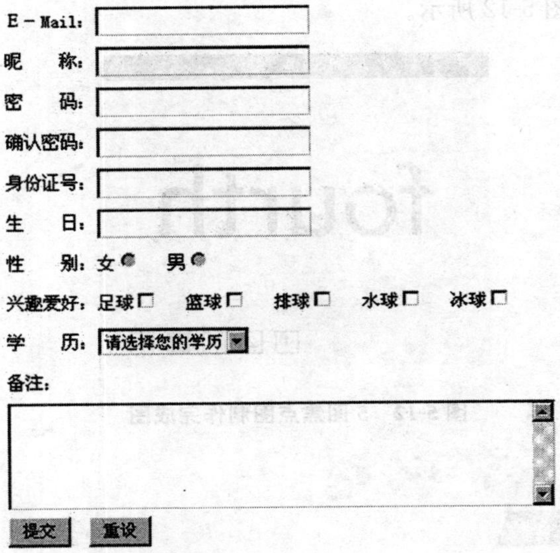

**图 5-13　实训表单效果图**

注册表单项有 E-mail、昵称、密码、确认密码、身份证号、生日、性别、兴趣爱好、学历、备注信息。

制作要求：

E-mail：规则性校验；

昵称：只能是中文（4～8 位）；

密码：必须包含大小写字母、数字各一位（6～12 位）；

确认密码：和密码相等；

身份证号：规则性校验；

生日：身份证号填写完成后自动填写（1900－2011 年）；

性别：身份证号填写完成后自动填写，单选控件；

兴趣爱好：至少选一项，复选框控件；

学历：不能为空，下拉框控件；

备注信息：不能为空，文本域控件。

# 项目拓展实训（二）

## 一、实训名称

基于 jQuery 的 6 图焦点图制作。

## 二、实训目的

(1) 掌握焦点图的布局制作；

(2) 掌握 jQuery 在网页中的使用；

(3) 掌握 jQuery 对于焦点图元素的行为控制。

## 三、实训要求

(1) 做好焦点图制作的准备工作；

(2) 利用 div＋css 技术完成焦点图的构图制作；

(3) 利用 jQuery 知识完成焦点图的行为控制，完成整个焦点图的制作。

## 四、实训条件

Dreamweaver CS4、IE 浏览器(Internet Explorer8.0)、火狐浏览器(Firefox7.0)、谷歌浏览器(Chrome14.0)

## 五、实训内容

参照 5 图焦点图制作，完成一个 6 图焦点图的制作，要求 6 图焦点图的尺寸是 400×300，导航方格排列在焦点图容器的右侧，从上到下依次排开，如图 5-14 所示。

**图 5-14　实训焦点图效果图**

# 项目六　商业网站制作

　　在网页制作中，Photoshop 是网页设计人员必须掌握的软件之一，它不仅在图像处理、平面设计方面有令人惊奇的表现，在网页图像处理、网页元素设计、网页排版、网页特效设计、网页图像优化、网页发布方面同样优秀。

　　项目六以两个标准化布局的商业网页主页为案例，从构思分析到页面排版、布局、美化、发布来讲解一个网页从设计到完成的制作过程。案例效果图如图 6-1 所示。

图 6-1　案例效果图

## 【学习目标】

　　（1）了解 Photoshop 的基本使用方法；

　　（2）掌握 Photoshop 在网页设计方面的运用；

　　（3）掌握商业网站的布局制作方法；

　　（4）掌握网站的发布预览。

# 任务一　使用 Photoshop CS4 设计网站首页布局

**任务提出**

依据要求，完成对某网站首页的布局优化设计工作。

**任务分析**

网页是为其传播功能而服务的，所以正确合理地编排网页功能布局非常重要。在对网页进行界面设计时，必须站在阅读者的角度合理安排网页的功能结构，遵守网页使用的便利性和通融性原则。

（1）熟悉 Photoshop CS4 各种面板的使用；

（2）分析网页类别；

（3）编排网页功能结构，确定网页布局；

（4）网页的色彩搭配和形状设计。

**相关知识**

## 一、初识 Photoshop CS4

Photoshop 是 Adobe 公司旗下最为出名的图像处理软件之一，集图像扫描、编辑修改、图像制作、广告创意、图像输入与输出于一体，深受广大平面设计人员和电脑美术爱好者的喜爱。Photoshop CS4 号称是 Adobe 公司历史上最大规模的一次产品升级，充分利用无与伦比的编辑与合成功能，用户体验更直观且工作效率大幅提高。

作为网页设计来说，Photoshop CS4 软件也有无可比拟的图形设计能力。网页设计者掌握 Photoshop CS4 的使用，对于网页元素的设计、网页特效的设计大有帮助。

## 二、Photoshop CS4 的操作环境

### 1. Photoshop CS4 的创新功能

与之前的版本相比，Photoshop CS4 有许多创新功能。具体如下：

（1）调整面板；

（2）蒙版面板；

（3）高级复合；

（4）画布旋转；

（5）Camera Raw 中原始数据的处理效果更好；

（6）使用 Adobe Bridge CS4 进行有效的文件管理；

（7）打印选项功能强大；

（8）3D 加速。

**2. Photoshop CS4 的启动**

要打开 Photoshop CS4，在 Windows 任务栏上单击【开始】菜单，在【所有程序】子菜单中选择【Adobe Photoshop CS4】程序命令即可，其工作界面如图 6-2 所示。

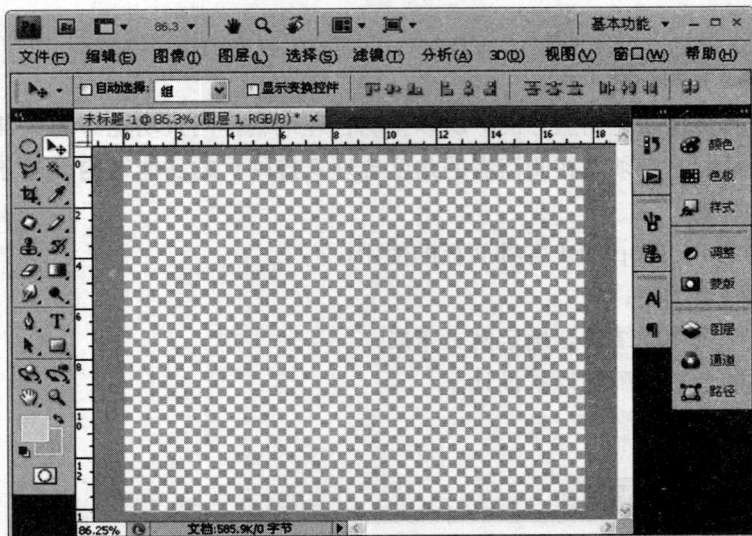

**图 6-2　Photoshop CS4 的工作界面**

**3. Photoshop CS4 的菜单命令**

1）【文件】菜单

【文件】菜单包括了常见的文件操作，如图像文件的建立、打开、关闭、保存以及页面设置和打印等，除此之外还提供了 Photoshop 特有的处理文件的操作，如图 6-3 所示。

2）【编辑】菜单

【编辑】菜单包含一系列编辑、修改选定对象（可能是整个图像或图层，也可能是一部分选择区域）的各种操作命令，如图 6-4 所示。

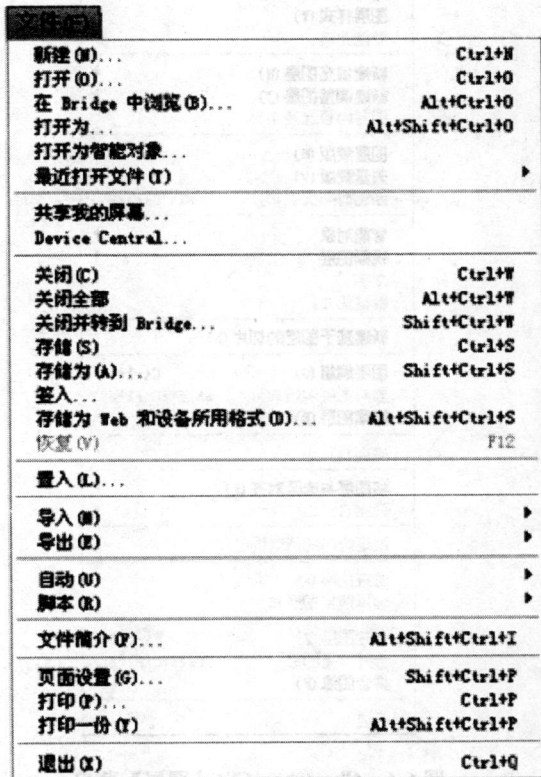

图 6-3　Photoshop CS4 文件菜单

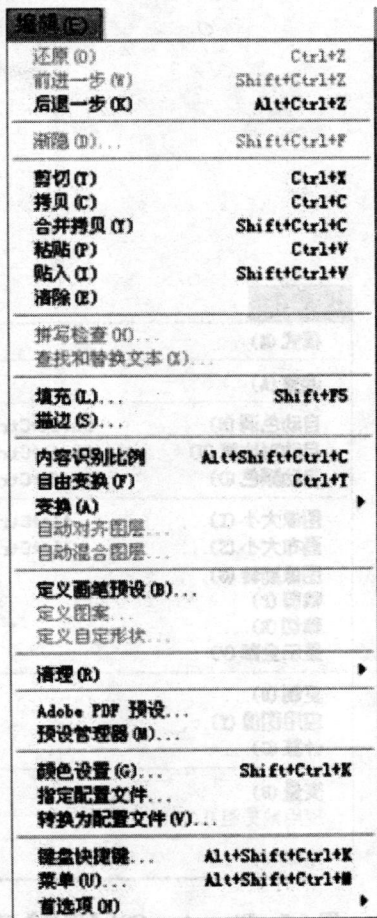

图 6-4　Photoshop CS4 编辑菜单

3)【图像】菜单

【图像】菜单包含了各种处理图像颜色、模式和画布的命令，如图 6-5 所示。

4)【图层】菜单

Photoshop CS4【图层】菜单提供了丰富的图层管理功能，如图 6-6 所示。

5)【选择】菜单

在进行各种图像操作之前，通常要选定操作区域或者对象，【选择】菜单提供了选择对象及编辑、修改选择本身的命令，如图 6-7 所示。

**图层(L)**

| | |
|---|---|
| 新建(N) | ▶ |
| 复制图层(D)... | |
| 删除 | ▶ |
| 图层属性(P)... | |
| 图层样式(Y) | ▶ |
| 智能滤镜 | ▶ |
| 新建填充图层(W) | ▶ |
| 新建调整图层(J) | ▶ |
| 图层内容选项(O)... | |
| 图层蒙版(M) | ▶ |
| 矢量蒙版(V) | ▶ |
| 创建剪贴蒙版(C) | Alt+Ctrl+G |
| 智能对象 | ▶ |
| 视频图层 | ▶ |
| 文字 | ▶ |
| 删格化(Z) | ▶ |
| 新建基于图层的切片(B) | |
| 图层编组(G) | Ctrl+G |
| 取消图层编组(U) | Shift+Ctrl+G |
| 隐藏图层(R) | |
| 排列(A) | ▶ |
| 将图层与选区对齐(I) | ▶ |
| 分布(T) | ▶ |
| 锁定组内的所有图层(X) | |
| 链接图层(K) | |
| 选择链接图层(S) | |
| 合并图层(E) | Ctrl+E |
| 合并可见图层(V) | Shift+Ctrl+E |
| 拼合图像(F) | |
| 修边 | ▶ |

**图像(I)**

| | |
|---|---|
| 模式(M) | ▶ |
| 调整(A) | ▶ |
| 自动色调(N) | Shift+Ctrl+L |
| 自动对比度(U) | Alt+Shift+Ctrl+L |
| 自动颜色(O) | Shift+Ctrl+B |
| 图像大小(I)... | Alt+Ctrl+I |
| 画布大小(S)... | Alt+Ctrl+C |
| 图像旋转(G) | ▶ |
| 裁剪(P) | |
| 裁切(R)... | |
| 显示全部(V) | |
| 复制(D)... | |
| 应用图像(Y)... | |
| 计算(C)... | |
| 变量(B) | ▶ |
| 应用数据组(L)... | |
| 陷印(T)... | |

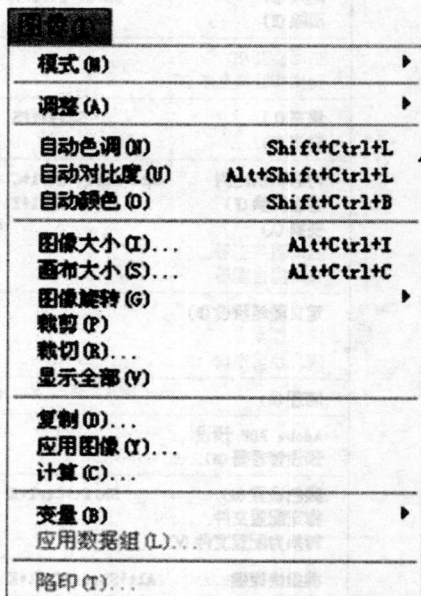

图 6-5　Photoshop CS4【图像】菜单　　　　图 6-6　Photoshop CS4【图层】菜单

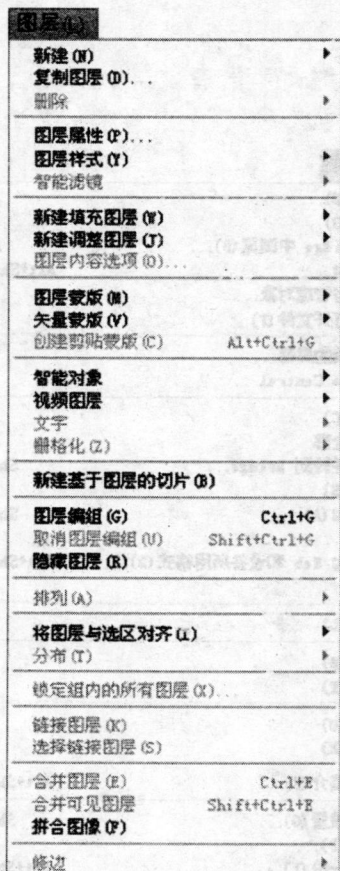

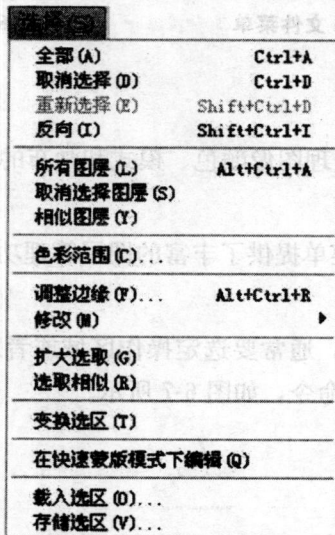

**选择(S)**

| | |
|---|---|
| 全部(A) | Ctrl+A |
| 取消选择(D) | Ctrl+D |
| 重新选择(E) | Shift+Ctrl+D |
| 反向(I) | Shift+Ctrl+I |
| 所有图层(L) | Alt+Ctrl+A |
| 取消选择图层(S) | |
| 相似图层(Y) | |
| 色彩范围(C)... | |
| 调整边缘(F)... | Alt+Ctrl+R |
| 修改(M) | ▶ |
| 扩大选取(G) | |
| 选取相似(R) | |
| 变换选区(T) | |
| 在快速蒙版模式下编辑(Q) | |
| 载入选区(O)... | |
| 存储选区(V)... | |

图6-7　Photoshop CS4【选择】菜单

6）【滤镜】菜单

在 Photoshop CS4 的【滤镜】菜单中，包含了滤镜库插件，使用滤镜库可以批量地应用滤镜或者将单个滤镜应用多次。

7）【视图】菜单

【视图】菜单提供了各种改变当前视图命令和创建新视图的命令。

8）【分析】菜单

【分析】菜单提供了多种度量工具。

9）【3D】菜单

【3D】菜单提供了处理和合并现有的 3D 对象、创建新的 3D 对象、编辑和创建 3D 纹理及组合 3D 对象与 2D 图像等命令。

10）【窗口】菜单

【窗口】菜单提供了控制工作环境中窗口的命令。

11）【帮助】菜单

【帮助】菜单提供了软件的版权信息、联机帮助等。

**4. Photoshop CS4 的工具箱**

工具箱是用来存放图像操作工具的窗口，Photoshop CS4 工具箱中共提供有 60 多种工具，如图 6-8 所示。

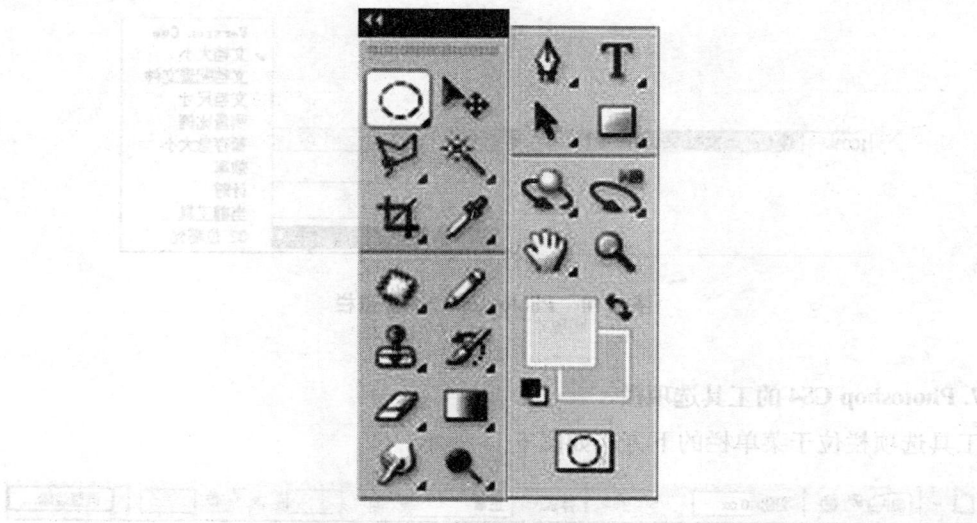

图 6-8　Photoshop CS4 工具箱

**5. Photoshop CS4 的面板**

Photoshop CS4 提供的面板，默认时分别放在 6 个折叠面板窗口中，如图 6-9 所示。

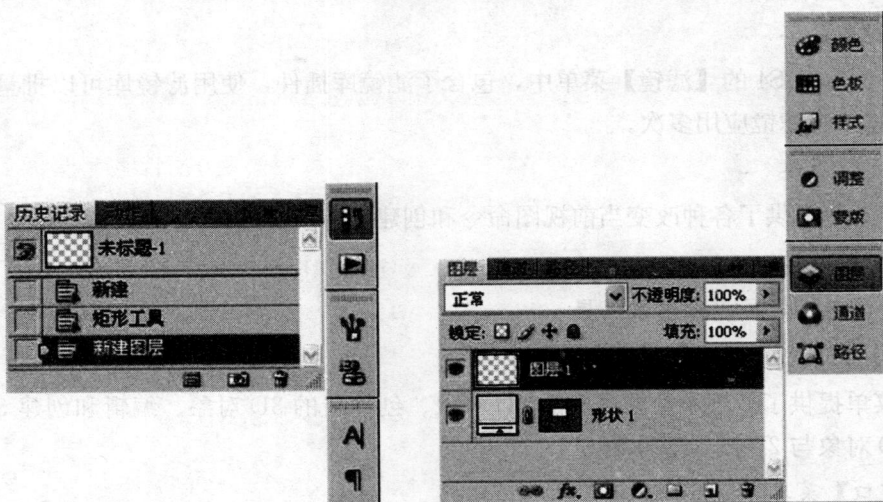

图 6-9　Photoshop CS4 工具面板

## 6. Photoshop CS4 的状态栏

状态栏位于程序窗口的底部，用来显示图像文件的信息，例如现用图像当前的放大倍数和文件大小，以及现用工具及其使用的简要说明，系统使用虚存磁盘的大小等，如图 6-10 所示。

图 6-10　Photoshop CS4 状态栏

## 7. Photoshop CS4 的工具选项栏

工具选项栏位于菜单栏的下方，如图 6-11 所示。

图 6-11　Photoshop CS4 工具选项栏

## 8. 自定义工作环境

1）常规设置

常规设置是设置 Photoshop CS4 的基本工作环境。选择【编辑】菜单中的【首选项】

命令中的【常规】命令，如图 6-12 所示。

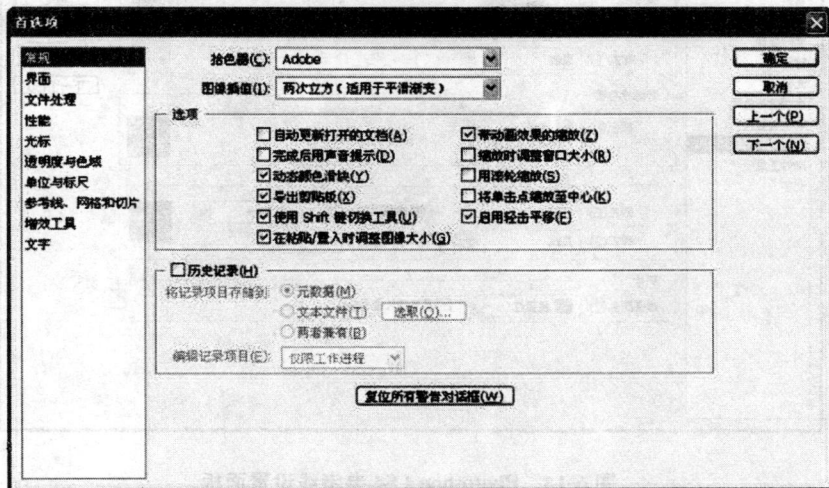

**图 6-12　Photoshop CS4 常规设置面板**

2）设置图像单位和标尺

单位是指度量图像尺寸的度量衡单位，标尺工具则可以帮助用户在 Photoshop 中精确定位，如图 6-13 所示。

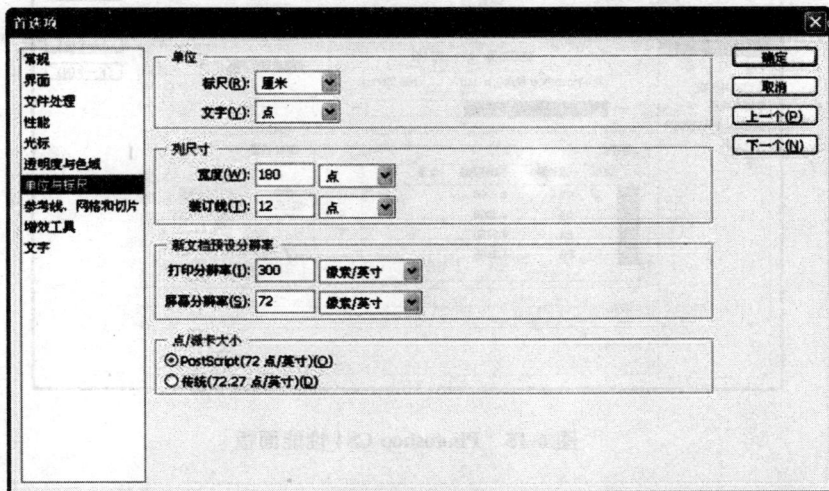

**图 6-13　Photoshop CS4 单位与标尺面板**

3）设置参考线和网格

参考线设置包括线型和颜色的设置，网格可以设置网格的颜色、线型、密度和单位等，如图 6-14 所示。

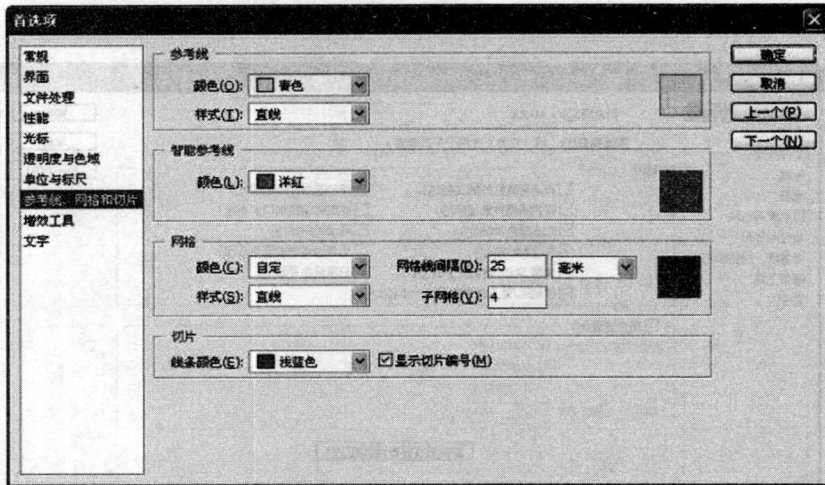

图 6-14　Photoshop CS4 参考线设置面板

4）设置内存使用和图像缓存

Photoshop CS4 使用了图像缓存技术，以加速屏幕图像的刷新速度，设置内存可以改变 Photoshop 使用的物理内存数量，如图 6-15 所示。

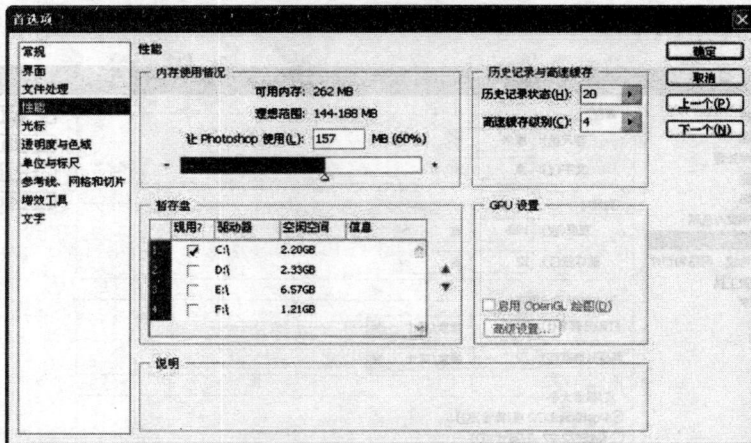

图 6-15　Photoshop CS4 性能面板

5）恢复面板为默认设置

默认时，Photoshop CS4 的四个面板窗口放在工作窗口的右边。

6）其他设置

用户还可以通过"编辑"菜单中的"首选项"命令设置其他参数，如界面、光标、透明度与色域、增效工具与文件处理等，这些参数一般取默认值即可。

**任务实施**

**1. 分析网页类别**

本案例的网页属于商业性质的网页，有很明确的商业目的，以展示企业和产品形象、创造商业价值为侧重点。分析结果如图 6-16 所示。

**图 6-16　首页布局**

网页中要有明显的企业名称和 Logo，有企业产品的展示区域，企业产品的最新动态，企业地址及联系电话等，让网页的访问者可以直观地了解所有有关企业和产品的信息。

**2. 确定网页的风格**

商业性质的网站根据商品的不同类型、针对的消费群体以及观众的年龄来确定网页风格。一般来讲，商业性质的网站界面多采用简约、条理清晰、端庄、亲切、理性的设计风格，而在确定风格时，还应该结合企业自身的特点。

产品销售性的网站一般以理性、时尚的风格为主。以本案例来说，家纺产品的网页力求做到温馨、时尚，尽量使用明快、自然的颜色来进行布局。

**3. 编排网页功能结构**

目前 PC 用户的显示器的分辨率有 $1024 \times 768$ 和 $800 \times 600$ 两种。因此，在设计网页时，一定要考虑到这两种情况，不要设计成满屏，左右留一些空间。原因有二：一是为防止滑动条流出空间；二是可以在左右位置留一些广告位，以方便在网络完善后放一些广告。

**4. 成品制作**

1) 使用 Photoshop 设计背景

①启动 Photoshop CS4，按照网页主站设计尺寸的要求，新建文件，如图 6-17 所示。

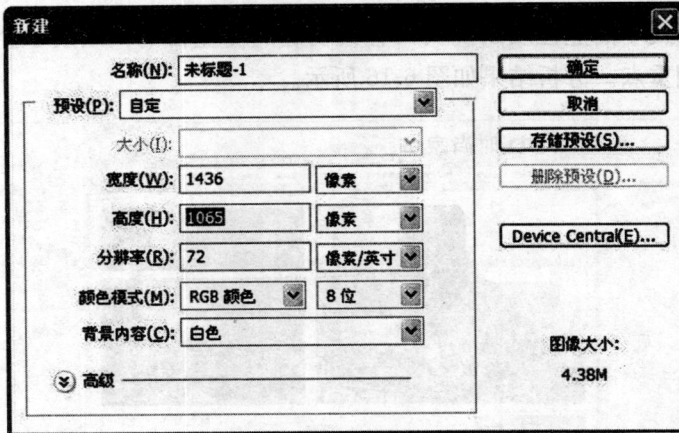

**图 6-17　"新建文件"对话框**

②通过标尺对画面进行分割，分别进行不同的处理。具体效果如图 6-18 所示。

**图 6-18　填充画布**

其中最上面的 banner 部分用渐变工具进行白灰色渐变；第二部分利用选框工具绘制矩形，并填充白色；第三部分选用合适的素材图片进行填充，并根据所填位置的大小调整图片的大小，最终完成网页背景的设置。

③利用文字工具，在第二部分加上文字内容，如图 6-19 所示。

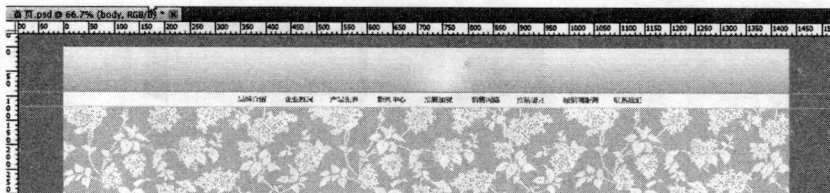

图 6-19　添加导航文字

④使用标尺工具，绘制出网页中心部分的范围，并使用圆角矩形工具绘制图形，填充为白色。具体效果如图 6-20、图 6-21 所示。

图 6-20　绘制圆角矩形

图 6-21　圆角矩形设置

⑤用同样的方法利用标尺分割画面：新建参考线，输入垂直位置 270px，效果如图 6-22 所示。

**图 6-22　新建参考线**

⑥继续新建参考线，输入垂直位置 788px，确定好需绘制图片的宽度，具体效果如图 6-23 所示。

**图 6-23　继续新建参考线**

⑦水平方向标尺的绘制方法和垂直方向的相同。继续使用标尺分割画面，使用圆角矩形工具绘制矩形，丰富画面内容，增加网页的产品信息，并使用文字工具加入网页新闻信息，具体效果如图 6-24 所示。

图 6-24 丰富画面效果

⑧设计网页 Logo，结合文字工具为网页 banner 添加网页名称，效果如图 6-25 所示。

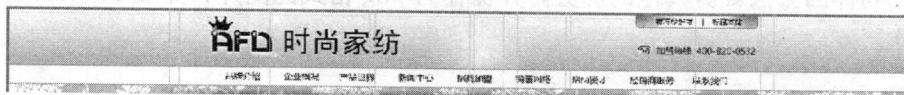

图 6-25 网页 Logo

⑨使用文字工具加入网页的其他相关信息，最终完成网页页面的布局设计。

⑩页面设置完成之后，需要把做好的完整页面剪切成不同的部分，作为后期网页发布的素材所用。利用裁剪工具，结合标尺剪切图片，具体效果如图 6-26 所示。

图 6-26 图片裁剪

⑪图片裁剪完成之后需要另存为透明背景的 png 格式，以备后期使用，如图 6-27 所示。

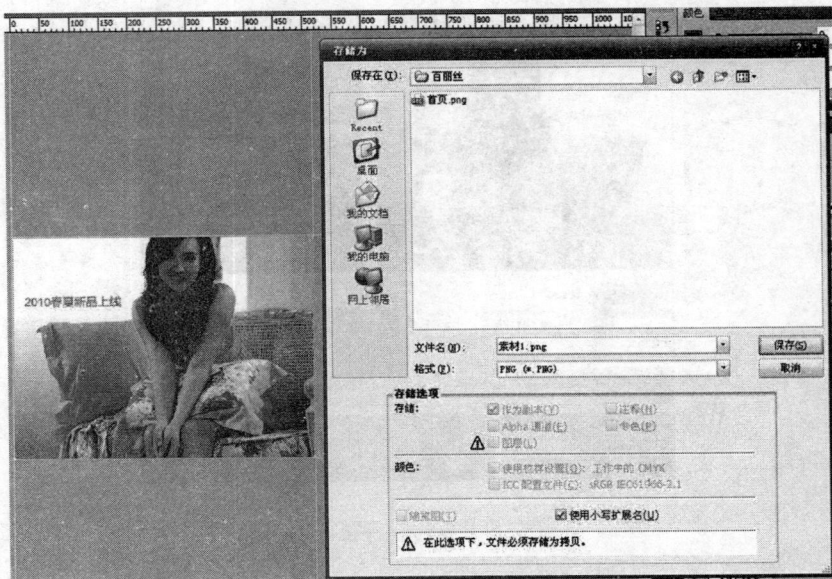

图 6-27　图片另存为

⑫用同样的方法裁剪其他的部分，并保存为 png 格式的图片，完成 Photoshop 制作页面的工作。

**任务小结**

通过本次任务，学习使用 Photoshop CS4 进行网页的页面布局设计。

（1）本案例主要使用了标尺和矩形圆角工具对画面进行分割布局，绘制图形，利用标尺是为了更好地确定页面分割的准确位置；

（2）同时为了页面的丰富性，除了整体色块的填充之外，有部分矩形使用渐变工具进行色彩的填充，增强了画面颜色的过渡，简洁且不单一；

（3）一般原则上，对于商业性网站，注重导航与搜索功能使用的便捷性，图文编排的严谨性以及广告信息放置的合理性。该类网站倾向于简约化、条理化。

# 任务二　使用 Photoshop 完成网站子页布局

**任务提出**

依据网站首页的整体布局风格，继续制作网站的子页面。

**任务分析**

网页设计是一个系统的工作，在制作的时候需要注意网站主页和子页面的相互配合，包括内容、颜色和形式。多页面站点的页面编排设计要求把页面之间的有机联系反映出来，特别要处理好页面之间和页面内秩序与内容的关系。为了达到最佳的视觉效果，设计者应反复推敲整体布局的合理性，使浏览者有一个流畅的视觉体验。

（1）分析子页面的网页风格；

（2）编排网页子页面功能结构，确定子页布局。

**相关知识**

# 一、网页设计形式与内容相统一

为了将丰富的意义和多样的形式组织成统一的页面结构，形式语言必须符合页面的内容，体现内容的丰富含义。灵活运用对比与调和、对称与平衡、节奏与韵律以及留白等手段，通过空间、文字、图形之间的相互关系建立整体的均衡状态，产生和谐的美感。如对称原则在页面设计中，它的均衡有时会使页面显得呆板，但如果加入一些富有动感的文字、图案，或采用夸张的手法来表现内容往往会达到比较好的效果。点、线、面作为视觉语言中的基本元素，巧妙地互相穿插、互相衬托、互相补充构成最佳的页面效果，充分表达完美的设计意境。

网页上所有的图像、文字，包括像背景颜色、区分线、字体、标题、注脚等，要统一风格，贯穿全站。这样会使用户看起来舒服、顺畅，会对网站留下一个"很专业"的印象。

# 二、网页设计的模块化和可修改性

模块化不仅可以提高重用性，也能统一网站风格，还可以降低程序开发的强度。这里只涉及一些尺寸、模数、宽容度、命名规范等知识，不再冗述。无论是架构还是模块或图片，都要考虑其可修改性。

举个简单的例子，Logo、按钮等，很多人喜欢制作图片，N 个按钮就是 N 张图片。如果只做 3~5 类按钮的背景图片，然后用在网页代码里打上文字，修改起来就简单很多。然而网页显示的字体是带有锯齿的，一般既清晰又能保证美观的字体字号有几类：宋体 12px、宋体 12px 粗体、宋体 14px、宋体 14px 粗体、黑体 20px、Verdana 9px、Arial Black 12px+ 。

### 三、网页设计中网页命名要简洁

由于一个网站不可能由一个网页组成，它有许多子页面，为了能使这些个页面有效地被连接起来，用户会给这些页面起一些有代表性的而且简洁易记的网页名称。这样有助于以后方便管理网页，并且在向搜索引擎提交网页时更容易被别人索引到。在给网页命名时，最好使用自己常用的或符合页面内容的小写英文字母，这直接关系到页面上的链接。

任务实施

**1. 确定子页的风格**

根据主页的内容，制作网站的子页内容为品牌介绍。子页的基本形态应该和主页的内容一致，而品牌介绍的内容以文字为主，分析结果如图 6-28 所示。

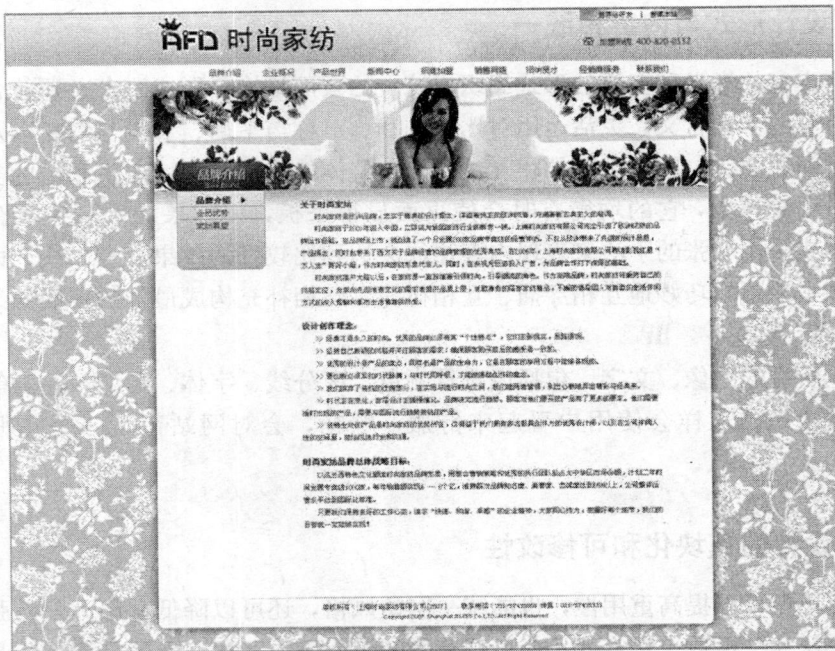

**图 6-28　子页布局**

**2. 成品制作**

1）使用 Photoshop 设计背景

①启动 Photoshop 软件，可以利用之前首页的设计调入文件的背景部分，减少工作量，同时也统一了子页和主页面的风格，具体效果如图 6-29 所示。

图 6-29 子页框架

②使用标尺工具对页面进行分割，加入适当的图片，效果如图 6-30 所示。利用标尺框定好图片显示的位置，然后加入收集好的图片素材。为了体现边框的圆角和图片的可调整性，在这里可以使用剪贴蒙版效果命令。

图 6-30 Banner 设计

③为增强画面的层次感，利用渐变工具，为图片下方添加渐变效果，效果如图 6-31所示。

图 6-31　渐变效果

④使用圆角矩形形状工具绘制网页导航，并且使用标尺进行分割，通过不同的矩形部分填充不同的颜色，然后使用文字工具添加文字内容，效果如图 6-32 所示。做的过程中注意导航面板放置的位置，同时划分不同的部分也相应使用不同的颜色，并且为丰富画面效果，同样使用了渐变效果。

图 6-32　导航面板制作

⑤在页面空白部分添加文字：使用横排文字工具在画面部分拉出合适的方框，调整文字的大小、行间距、段落的类型，输入横排的段落文字。字体尽量选择规范字体，并且做平滑处理，效果如图 6-33 所示。

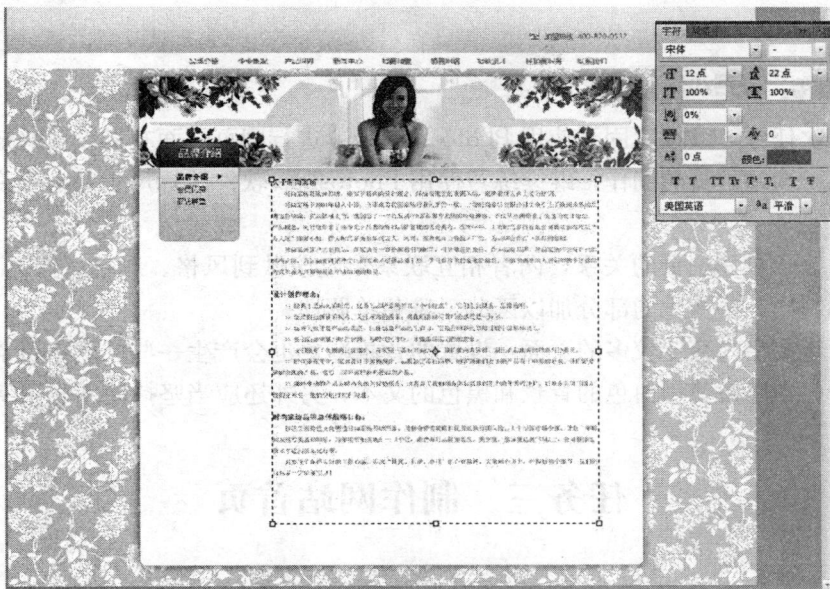

**图 6-33 文字输入**

⑥子页布局基本完成，根据主页的风格，同样加入网页的 Logo、品牌名称等相关信息，形成一个完整的子页面。同时参照任务一步骤⑨到步骤⑪的方法，对页面进行剪切和 png 图片的保存，作为后面网页发布的素材。子页的整体效果如图 6-34 所示。

**图 6-34 最终效果**

**任务小结**

通过本次任务，继续巩固了使用 Photoshop CS4 进行网页页面布局设计的知识。

（1）练习网站子页的制作，继续练习使用 Photoshop 软件的标尺工具、渐变工具、文字工具；

（2）了解子页和主页的关系，两者相互联系，应该做到风格、颜色、布局上的统一，当然在局部制作一些变化的部分加以区分，避免单调性；

（3）对于文字内容比较多的页面，设置的背景颜色也会产生一些问题，可能会使网页难于阅读。应当坚持使用白色的背景和黑色的文本，另外还应当坚持使用通用字体。

# 任务三　制作网站首页

**任务提出**

依据要求，完成对某商业网站首页的布局制作工作。

**任务分析**

首先分析网站首页模块化结构，然后完成首页布局的制作。

（1）完成首页模块化布局分析；

（2）完成首页各模块布局制作；

（3）完成首页各模块细节制作。

**任务实施**

**1. 首页结构分析**

依据前面所学知识，首页分析结果如图 6-35 所示。

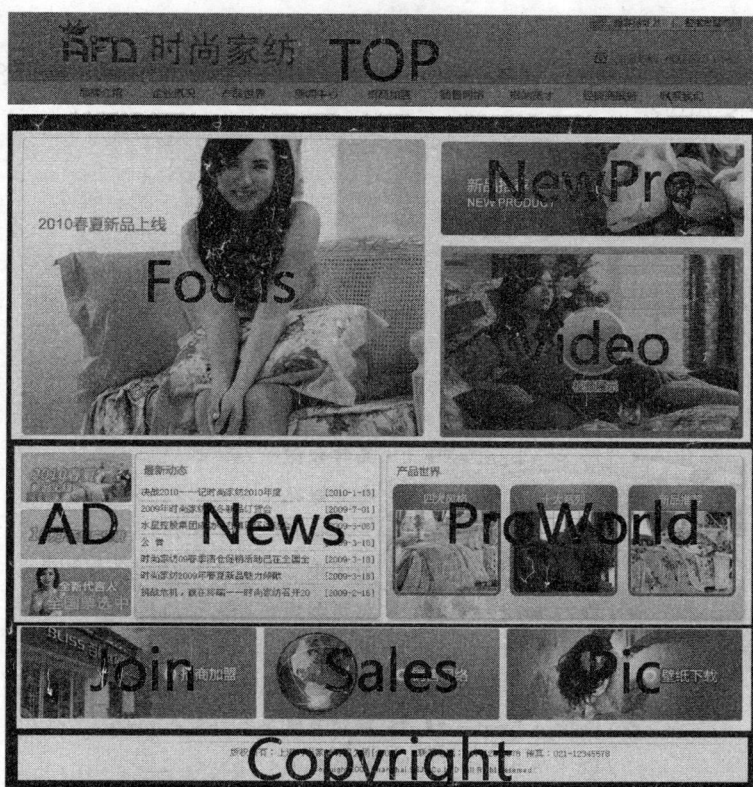

图 6-35　首页分析图

## 2. 模块化布局制作

### 1) 头部制作

在首页头部部分，首先是左侧的 Logo 和右侧的"推荐好友""收藏本站"和"联系电话"的浮动布局，然后再完成导航的制作。

HTML Code：

```
< ! DOCTYPE html PUBLIC "- //W3C//DTD XHTML 1.0 Strict//EN" "http://www.w3.org/TR/xht-
ml1/DTD/xhtml1- strict.dtd">
< html xmlns= "http://www.w3.org/1999/xhtml">
< head>
< meta http- equiv= "Content- Type" content= "text/html; charset= utf- 8" />
< title> 时尚家纺 - - 首页< /title>
< link href= "Images/C.css" rel= "stylesheet" type= "text/css" />
< /head>
< body>
< div class= "top">
    < div class= "Indexhead">
        < div class= "Indexlogo"> < /div>
```

```
          < div class= "Indextopright">
               < div class= "Indextj"> < a href= "# "> 推荐给好友< /a> |< a href= "# "
> 收藏本站< /a> < /div>
               < div class= "Indexjm"> < /div>
          < /div>
          < div class= "c"> < /div>
     < /div>
     < div class= "nav" id= "nav">
          < div class= "navtxt">
               < ul>
                    < li> < a href= "# "> 首页< /a> < /li>
                    < li> < a href= "# "> 品牌介绍< /a> < /li>
                    < li> < a href= "# "> 企业概况< /a> < /li>
                    < li> < a href= "# "> 产品世界< /a> < /li>
                    < li> < a href= "# "> 新闻中心< /a> < /li>
                    < li> < a href= "# "> 招商加盟< /a> < /li>
                    < li> < a href= "# "> 营销网络< /a> < /li>
                    < li> < a href= "# "> 招贤纳才< /a> < /li>
                    < li> < a href= "# "> 经销商服务< /a> < /li>
                    < li> < a href= "# "> 联系我们< /a> < /li>
               < /ul>
               < div class= "c"> < /div>
          < /div>
     < /div>
< /div>
< /body>
< /html>
```

CSS Code：

```
@ charset "utf- 8";
* ,body,div,ul,li,a,form,input{     /*  因为 IE6 不支持通配符* ,所以把常用标签也写进来处
                                     理* /
     margin:0;                       /* 去除标签默认的外边框* /
     padding:0;                      /* 去除标签默认的内填充* /
     list- style:none;               /* 去除标签默认的列表属性,主要针对 ul 和 li* /
     text- decoration:none;          /* 去除标签默认的文字修饰,主要针对 a 标签的下划线* /
     font- family:"宋体,Arial";       /* 默认字体宋体* /
     font- size:12px;                /* 字体默认大小 12px* /
     color:# 7a7a7a;                 /* 文本默认颜色# 7a7a7a* /
}
img{
```

```
        border:none;   /* 去除图片加上超链接后的默认蓝色边框* /
}
body{
        background:url(Bg.jpg);   /* 定义网页大背景* /
}
.c{
        clear:both;   /* 清空浮动专用样式类* /
}
.top{
        /* 不设定 top 的宽度,保证 top 容器的背景具有通栏效果* /
        height:121px;
        background:url(Bg_top.gif);
}
.top .Indexhead{
        /* 顶部容器* /
        width:966px;
        margin:0 auto;
        overflow:hidden;
}
.top .Indexlogo{
        /* 在 Indexhead 容器内浮动布局 Logo* /
        float:left;
        background:url(Logo.png);
        width:200px;
        height:40px;
        margin:28px 0 22px 52px;
}
.top .Indextopright{
        /* 在 Indexhead 容器内浮动布局推荐给好友、搜藏本站和联系电话模块* /
        float:right;
        width:195px;
        margin- right:25px;
}
.top .Indextopright .Indextj{
        /* 推荐给好友、搜藏本站模块* /
        background:url(Bg_top_tj.gif);
        width:195px;
        height:21px;
        text- align:center;
        line- height:21px;
```

```
    }
.top .Indextopright .Indexjm{
    /* 联系电话模块* /
    background:url(Bg_top_JmTel.gif);
    width:187px;
    height:14px;
    margin- top:15px;
    margin:28px auto 0;
}
.top .nav{
    /* 不设定 nav 的宽度,保证 nav 容器的背景具有通栏效果* /
    height:30px;
    background:# FFF;
}
.top .nav .navtxt{
    /* 导航容器* /
    width:800px;
    margin:0 auto;
}
.top .nav .navtxt ul li{
    /* 导航模块 li* /
    width:80px;
    float:left;
    text- align:center;
    line- height:30px;
}
.top .nav .navtxt a{
    /* 导航容器链接* /
    color:# 8c8c8c;
    font- size:14px;
}
.top .nav .navtxt a:hover{
    /* 导航容器链接鼠标效果* /
    background:# 7c7c7c;
    color:# fff;
    display:block;
}
```

头部制作效果如图 6-36 所示。

**图 6-36　首页头部制作效果图**

2) 中间模块背景制作

中间模块背景是圆角容器，可采用图片背景来完成制作。中间模块分为三部分：第一部分是圆角背景顶部，第二部分是内容，第三部分是圆角背景底部。

HTML Code：

```
< div class= "main">
      < div class= "maintop"> < /div>
      < div class= "content"> < /div>
      < div class= "mainfoot"> < /div>
      < /div>
```

CSS Code：

```
.main{
    /* 中间模块* /
    width:966px;
    margin:29px auto 15px;
    background:# FFF;
}
.main .maintop{
    /* 中间模块顶部圆角背景* /
    background:url(bg_main_top.gif) no- repeat;
    height:13px;
}
.main .mainfoot{
```

```
    /* 中间模块底部圆角背景* /
    background:url(bg_main_bottom.gif) no- repeat;
    height:13px;
}
.main .content{
    /* 中间模块的中间内容* /
    padding:20px;
}
```

中间模块背景制作如图 6-37 所示。

**图 6-37    首页中间模块背景制作**

3）中间模块第一行等高容器制作

中间模块第一行等高容器包括左侧的 focus 和右侧的 newpro、video。

HTML Code：

```
< div class= "main">
    < div class= "maintop"> < /div>
    < div class= "content">
        < div class= "conTop">
            < div class= "Indexfocus"> < img src= "Images/focus.gif" alt= "focus" title= "focus" /> < /div>
            < div class= "IndexNewpro"> < img src= "Images/Bg_IndexNewPro.gif" alt = "新品推荐" title= "新品推荐" /> < /div>
            < div class= "Indexvideo"> < img class= "video" src= "Images/No_Video. gif" alt= "novideo" title= "novideo" /> < /div>
        < /div>
        < div class= "c"> < /div>
    < /div>
    < div class= "mainfoot"> < /div>
```

```
< /div>
```

CSS Code：

```
.main .content .conTop .Indexfocus{
    /* 中间模块焦点图容器* /
    height:392px;
    width:516px;
    float:left;
}
.main .content .conTop .IndexNewpro,.Indexvideo{
    /* 中间模块新品推荐容器和视频容器的共用属性* /
    width:388px;
    float:left;
    margin:0 0 0 18px;
}
.main .content .conTop .IndexNewpro{
    /* 中间模块新品推荐容器* /
    height:123px;
}
.main .content .conTop .Indexvideo{
    /* 中间模块视频容器* /
    background:url(Bg_Indexvideo.gif);
    height:252px;
    margin- top:15px;
}
.main .content .conTop .Indexvideo .video{
    /* 中间模块视频容器的内容* /
    margin:10px 5px;
    width:377px;
}
```

中间模块第一行等高容器制作效果如图 6-38 所示。

图 6-38　中间模块第一行等高容器制作效果图

4）中间模块第二行等高容器制作

中间模块第二行等高容器包括左侧的 AD 和右侧的 news、proworld。

HTML Code：

```
< div class= "main">
    < div class= "maintop"> < /div>
    < div class= "content">
        < div class= "conTop">
            < div class= "Indexfocus"> < img src= "Images/focus.gif" alt= "focus" title
= "focus" /> < /div>
            < div class= "IndexNewpro"> < img src= "Images/Bg_IndexNewPro.gif" alt= "新
品推荐" title= "新品推荐" /> < /div>
            < div class= "Indexvideo"> < img class= "video" src= "Images/No_Video.gif"
alt= "novideo" title= "novideo" /> < /div>
        < /div>
        < div class= "c"> < /div>
        < div class= "conBottom">
        < div class= "ICleft">
            < div class= "IndexAd">
                < img src= "Images/Ad_index_1.gif" alt= "Ad1" title= "Ad1" style= "
margin- top:12px;" />
                < img src= "Images/Ad_index_2.gif" alt= "Ad2" title= "Ad2" />
                < img src= "Images/Ad_index_3.gif" alt= "Ad3" title= "Ad3" />
            < /div>
            < div class= "IndexNews">
                < ul>
                    < li> 决战 2010——记时尚家纺 2010 年度 ［2010- 1- 13]< /li>
                    < li> 决战 2010——记时尚家纺 2010 年度 ［2010- 1- 13]< /li>
                    < li> 决战 2010——记时尚家纺 2010 年度 ［2010- 1- 13]< /li>
                    < li> 决战 2010——记时尚家纺 2010 年度 ［2010- 1- 13]< /li>
                    < li> 决战 2010——记时尚家纺 2010 年度 ［2010- 1- 13]< /li>
                    < li> 决战 2010——记时尚家纺 2010 年度 ［2010- 1- 13]< /li>
                < /ul>
            < /div>
            < div class= "c"> < /div>
        < /div>
        < div class= "ICright">
            < ul>
                < li> < img src= "Images/Index_Proworld_sdfg.gif" alt= "四大风格"
title= "四大风格" /> < /li>
                < li> < img src= "Images/Index_Proworld_sdxl.gif" alt= "十大系列"
title= "十大系列" /> < /li>
```

```
                < li> < img src= "Images/Index_Proworld_xptj.gif" alt= "新品推荐"
title= "新品推荐" /> < /li>
                < /ul>
                < div class= "c"> < /div>
            < /div>
            < div class= "ICbottom"> < /div>
        < /div>
        < div class= "c"> < /div>
    < /div>
    < div class= "mainfoot"> < /div>
< /div>
```

CSS Code：

```
.main .content .conBottom .ICleft{
    /* 中间模块广告和新闻容器* /
    float:left;
    width:462px;
}
.main .content .conBottom .ICleft .IndexAd{
    /* 中间模块广告容器* /
    float:left;
    width:140px;
}
.main .content .conBottom .ICleft .IndexAd img{
    /* 中间模块广告容器内的图片* /
    margin:9px auto 0;
}
.main .content .conBottom .ICleft .IndexNews{
    /* 中间模块新闻容器* /
    float:left;
    width:316px;
    height:220px;
    margin:12px 0 0 6px;
    overflow:hidden;
    background:url(Bg_IndexNews.gif);
}
.main .content .conBottom .ICleft .IndexNews ul{
    /* 中间模块新闻列表容器* /
    margin:45px 0 0;
    padding:0 5px 10px;
}
.main .content .conBottom .ICleft .IndexNews ul li{
    /* 中间模块新闻容器列表项* /
```

```
    margin:8px 0 0;
    height:16px;
    line- height:16px;
    background:url(Bg_point.gif) repeat- x bottom;
}
.main .content .conBottom .ICleft .IndexNews li A{
    /* 中间模块新闻容器列表项链接* /
    color:# 7a7a7a;
}
.main .content .conBottom .ICright{
    /* 中间模块产品世界容器* /
    float:left;
    margin:12px 0 0 5px;
    width:456px;
    height:217px;
    background:url(Bg_Indexproworld.gif);
    overflow:hidden;
}
.main .content .conBottom .ICright ul{
    /* 中间模块产品世界列表容器* /
    margin:38px 0 0;
    padding:0 5px 10px;
}
.main .content .conBottom .ICright ul li{
    /* 中间模块产品世界容器列表项* /
    float:left;
    width:138px;
    height:147px;
    margin:0 1px 0 9px;
    display:inline;
}
```

中间模块第二行等高容器制作效果如图 6-39 所示。

**图 6-39　中间模块第二行等高容器制作效果图**

5）中间模块第三行等高容器和版权信息容器制作

中间模块第三行等高容器包括 Join、Sales 和 Pic。

HTML Code：

```
< div class= "main">
    < div class= "maintop"> < /div>
    < div class= "content">
        < div class= "conTop">
            < div class= "Indexfocus"> < img src= "Images/focus.gif" alt= "focus" ti-
tle= "focus" /> < /div>
            < div class= "IndexNewpro"> < img src= "Images/Bg_IndexNewPro.gif" alt= "
新品推荐" title= "新品推荐" /> < /div>
                < div class= "Indexvideo"> < img class= "video" src= "Images/No_Video.
gif" alt= "novideo" title= "novideo" /> < /div>
        < /div>
        < div class= "c"> < /div>
        < div class= "conBottom">
            < div class= "ICleft">
                < div class= "IndexAd">
                    < img src= "Images/Ad_index_1.gif" alt= "Ad1" title= "Ad1" style
= "margin- top:12px;" />
                    < img src= "Images/Ad_index_2.gif" alt= "Ad2" title= "Ad2" />
                    < img src= "Images/Ad_index_3.gif" alt= "Ad3" title= "Ad3" />
                < /div>
                < div class= "IndexNews">
                < ul>
                    < li> 决战 2010——记时尚家纺 2010 年度 ［2010- 1- 13]< /li>
                    < li> 决战 2010——记时尚家纺 2010 年度 ［2010- 1- 13]< /li>
                    < li> 决战 2010——记时尚家纺 2010 年度 ［2010- 1- 13]< /li>
                    < li> 决战 2010——记时尚家纺 2010 年度 ［2010- 1- 13]< /li>
                    < li> 决战 2010——记时尚家纺 2010 年度 ［2010- 1- 13]< /li>
                    < li> 决战 2010——记时尚家纺 2010 年度 ［2010- 1- 13]< /li>
                < /ul>
                < /div>
                < div class= "c"> < /div>
            < /div>
            < div class= "ICright">
                < ul>
                    < li> < img src= "Images/Index_Proworld_sdfg.gif" alt= "四大风格"
title= "四大风格" /> < /li>
                    < li> < img src= "Images/Index_Proworld_sdxl.gif" alt= "十大系列"
title= "十大系列" /> < /li>
```

```
                    < li> < img src= "Images/Index_Proworld_xptj.gif" alt= "新品推荐"
title= "新品推荐" /> < /li>
                    < /ul>
                    < div class= "c"> < /div>
                < /div>
                < div class= "ICbottom"> < /div>
            < /div>
            < div class= "c"> < /div>
            < div class= "ICbtn">
                < img src= "Images/Index_btn_zsjm.jpg" alt= "招商加盟" title= "招商加盟" />
                < img src= "Images/Index_btn_yxwl.jpg" alt= "营销网络" title= "营销网络" />
                < img src= "Images/Index_btn_bzxz.jpg" alt= "壁纸下载" title= "壁纸下载" />
            < /div>
        < /div>
        < div class= "copyright">
            版权所有:上海时尚家纺有限公司[2007]　　联系电话:021- 12345678　传真:021-
12345678< br />
            Copyright 2007 Shanghai SSJF Co.LTD. All Right Reserved
        < /div>
        < div class= "mainfoot"> < /div>
    < /div>
```

**CSS Code:**

```css
.main .content .ICbtn{
    /* 中间模块加盟、营销、壁纸容器* /
    height:120px;
    margin- top:10px;
    overflow:hidden;
}
.main .content .ICbtn img{
    /* 中间模块加盟、营销、壁纸容器内图片* /
    margin:0 2px;
}
.main .copyright {
    /* 中间模块版权信息容器* /
    width:80% ;
    margin:0 auto;
    border- top:1px solid # 7e7e7e;
    line- height:24px;
    text- align:center;
}
```

中间模块第三行等高容器和版权信息容器制作效果如图 6-40 所示。

**图 6-40 中间模块第三行等高容器和版权信息容器制作效果图**

首页制作完成效果图如图 6-41 所示。

**图 6-41 首页完成效果图**

**任务小结**

通过本次任务，继续巩固了使用 div＋CSS 进行网页页面布局制作的知识。

（1）练习网站页面的结构分析；

（2）复习导航和模块化布局的制作；

（3）制作中要注意了解首页各模块取等高行的关系。

# 任务四　　制作网站子页

## 任务提出

依据要求，完成对某商业网站首页的布局制作工作。

## 任务分析

首先分析网站首页模块化结构，然后完成首页布局的制作。
(1) 完成首页模块化布局分析；
(2) 完成首页各模块布局制作；
(3) 完成首页各模块细节制作。

## 任务实施

### 1. 子页结构分析

依据前面所学知识，子页分析结果如图 6-42 所示。

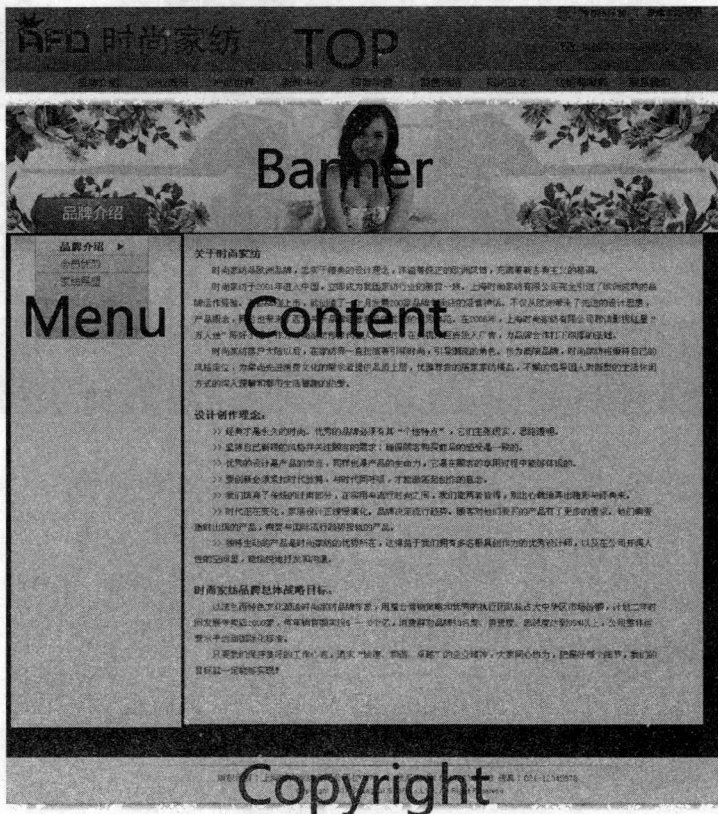

图 6-42　子页分析图

**2. 模块化布局制作**

1）头部制作

因为头部部分和首页是一样的，所以这里就不再重复介绍。

HTML Code：

```html
<!DOCTYPE html PUBLIC "-//W3C//DTD XHTML 1.0 Strict//EN" "http://www.w3.org/TR/xhtml1/DTD/xhtml1-strict.dtd">
<html xmlns="http://www.w3.org/1999/xhtml">
<head>
<meta http-equiv="Content-Type" content="text/html; charset=utf-8" />
<title>时尚家纺--首页</title>
<link href="Images/C.css" rel="stylesheet" type="text/css" />
</head>
<body>
<div class="top">
    <div class="Indexhead">
        <div class="Indexlogo"></div>
        <div class="Indextopright">
            <div class="Indextj"><a href="#">推荐给好友</a> | <a href="#">收藏本站</a></div>
            <div class="Indexjm"></div>
        </div>
        <div class="c"></div>
    </div>
    <div class="nav" id="nav">
        <div class="navtxt">
            <ul>
                <li><a href="#">首页</a></li>
                <li><a href="#">品牌介绍</a></li>
                <li><a href="#">企业概况</a></li>
                <li><a href="#">产品世界</a></li>
                <li><a href="#">新闻中心</a></li>
                <li><a href="#">招商加盟</a></li>
                <li><a href="#">营销网络</a></li>
                <li><a href="#">招贤纳才</a></li>
                <li><a href="#">经销商服务</a></li>
                <li><a href="#">联系我们</a></li>
            </ul>
            <div class="c"></div>
        </div>
```

```
        < /div>
< /div>
< /body>
< /html>
CSS Code:
@ charset "utf- 8";
* ,body,div,ul,li,a,form,input{        /*  因为 IE6 不支持通配符* ,所以把常用标签也写进来处
理* /
        margin:0;                    /* 去除标签默认的外边框* /
        padding:0;                   /* 去除标签默认的内填充* /
        list- style:none;             /* 去除标签默认的列表属性,主要针对 ul 和 li* /
        text- decoration:none;         /* 去除标签默认的文字修饰,主要针对 a 标签的下划线* /
        font- family:"宋体,Arial";       /* 默认字体宋体* /
        font- size:12px;              /* 字体默认大小 12 像素* /
        color:# 7a7a7a;              /* 文本默认颜色# 7a7a7a* /
}
img{
        border:none;   /* 去除图片加上超链接后的默认蓝色边框* /
}
body{
        background:url(Bg.jpg);   /* 定义网页大背景* /
}
.c{
        clear:both;   /* 清空浮动专用样式类* /
}
.top{
        /* 不设定 top 的宽度,保证 top 容器的背景具有通栏效果* /
        height:121px;
        background:url(Bg_top.gif);
}
.top .Indexhead{
        /* 顶部容器* /
        width:966px;
        margin:0 auto;
        overflow:hidden;
}
.top .Indexlogo{
        /* 在 Indexhead 容器内浮动布局 Logo* /
        float:left;
        background:url(Logo.png);
```

```
    width:200px;
    height:40px;
    margin:28px 0 22px 52px;
}
.top .Indextopright{
    /* 在 Indexhead 容器内浮动布局推荐给好友、收藏本站和联系电话模块* /
    float:right;
    width:195px;
    margin- right:25px;
}
.top .Indextopright .Indextj{
    /* 推荐给好友、收藏本站模块* /
    background:url(Bg_top_tj.gif);
    width:195px;
    height:21px;
    text- align:center;
    line- height:21px;
}
.top .Indextopright .Indexjm{
    /* 联系电话模块* /
    background:url(Bg_top_JmTel.gif);
    width:187px;
    height:14px;
    margin- top:15px;
    margin:28px auto 0;
}
.top .nav{
    /* 不设定 nav 的宽度,保证 nav 容器的背景具有通栏效果* /
    height:30px;
    background:# FFF;
}
.top .nav .navtxt{
    /* 导航容器* /
    width:800px;
    margin:0 auto;
}
.top .nav .navtxt ul li{
    /* 导航模块 li* /
    width:80px;
    float:left;
```

```
        text- align:center;
        line- height:30px;
}
.top .nav .navtxt a{
        /* 导航容器链接* /
        color:# 8c8c8c;
        font- size:14px;
}
.top .nav .navtxt a:hover{
        /* 导航容器链接鼠标效果* /
        background:# 7c7c7c;
        color:# fff;
        display:block;
}
```

头部制作效果图，如图 6-43 所示。

图 6-43　子页头部制作效果图

2）banner 制作

banner 部分实际上是作为中间模块的顶部圆角来处理。

HTML Code：

```
< div class= "main">
    < div class= "maintopIntroduce"> < /div>
    < div class= "mainfoot"> < /div>
< /div>
```

CSS Code：

```
.main .maintopIntroduce{
    /* 品牌介绍 Banner 容器* /
    background:url(Bg_TopIntroduce.gif) no- repeat;
    height:180px;
}
```

banner 布局效果如图 6-44 所示。

图 6-44　banner 布局效果图

3）menu 制作

因为在 banner 部分下有一部分渐变图形处理，所以 menu 部分在制作的过程中，需要将容器整体上移一部分像素，这里用 margin—top 的负值来处理。

HTML Code：

```
< div class= "main">
    < div class= "maintopIntroduce"> < /div>
    < div class= "mainsubsmall"> < /div>
    < div class= "mainsubclass">
        < ul>
            < li class= "subfocus"> < a href= "# "> 品牌介绍< /a> < /li>
            < li> < a href= "# "> 会员优势< /a> < /li>
            < li style= "border:0;"> < a href= "# "> 家纺展望< /a> < /li>
        < /ul>
    < /div>
    < div class= "c"> < /div>
    < div class= "mainfoot"> < /div>
< /div>
```

CSS Code：

```
.main .mainsubsmall{
    /* 子页 Banner 容器下的一块渐变图形容器* /
    background:url(Bg_Sub_top_smaill.gif) repeat- x;
    height:21px
}
.main .mainsubclass{
    /* 子页左侧菜单容器,利用 margin 的负值将容器整体上移 21px* /
    float:left;
    background:url(Bg_sub_class.gif);
```

```
      height:145px;
      width:153px;
      margin:- 21px 0 0 39px;
      overflow:hidden;
      display:inline;
}
.main .mainsubclass ul{
      /* 子页左侧菜单容器列表* /
      margin:3px;
      width:153px;
}
.main .mainsubclass ul li{
      /* 子页左侧菜单容器列表项* /
      margin:7px 0 0;
      padding:0 0 0 30px;
      width:118px;
      height:16px;
      line- height:16px;
      border- bottom:1px solid # b9b9b9;
}
.main .mainsubclass ul li A{
      /* 子页左侧菜单容器列表项链接* /
      font- size:14px;
      color:# 7d7d7d;
}
.main .mainsubclass .subfocus{
      /* 子页左侧菜单容器当前列表项* /
      background:url(Ico_02.gif) no- repeat 110px 2px;
}
.main .mainsubclass .subfocus A{
      /* 子页左侧菜单容器当前列表项链接* /
      color:# 993b97;
      font- weight:600;
}
```

menu 布局效果图如图 6-45 所示。

图 6-45　menu 布局效果图

4）content 制作和版权信息

content 模块是一般的文字排版模块。

HTML Code：

```
< div class= "main">
    < div class= "maintopIntroduce"> < /div>
    < div class= "mainsubsmall"> < /div>
    < div class= "mainsubclass">
        < ul>
            < li class= "subfocus"> < a href= "# "> 品牌介绍< /a> < /li>
            < li> < a href= "# "> 会员优势< /a> < /li>
            < li style= "border:0;"> < a href= "# "> 家纺展望< /a> < /li>
        < /ul>
    < /div>
    < div class= "mainsubcontent">
        < div class= "tit"> 品牌介绍< /div>
        < div class= "txt">
            品牌介绍品牌介绍品牌介绍品牌介绍品牌介绍品牌介绍< br />
            品牌介绍品牌介绍品牌介绍品牌介绍品牌介绍品牌介绍品牌介绍< br />
        < /div>
        < div class= "tit"> 小标题:< /div>
        < div class= "txt">
            > > 品牌介绍品牌介绍品牌介绍品牌介绍品牌介绍品牌介绍。< br />
            > > 品牌介绍品牌介绍品牌介绍品牌介绍品牌介绍品牌介绍。< br />
        < /div>
    < /div>
    < div class= "c"> < /div>
    < div class= "copyright">
        版权所有:时尚家纺有限公司［2007］　　联系电话:021- 12345678　传真:021-
12345678< br />
```

```
                Copyright 2007 Shanghai SSJF Co.LTD. All Right Reserved
        < /div>
        < div class= "mainfoot"> < /div>
< /div>
```

CSS Code：

```
.main .mainsubcontent{
    /* 子页内容容器* /
    float:left;
    width:630px;
    padding:20px;
}
.main .mainsubcontent .tit{
    /* 子页内容容器内的小标题* /
    font- weight:600;
    font- size:14px;
}
.main .mainsubcontent .txt{
    /* 子页内容容器内的信息* /
    margin:10px 0;
    line- height:26px;
}
```

content 布局效果图如图 6-46 所示。

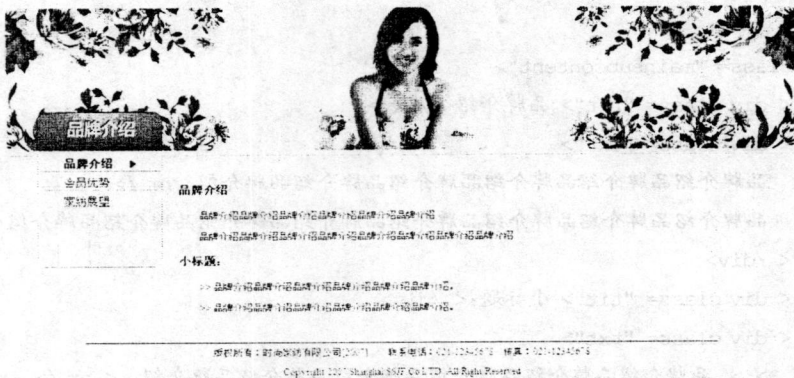

**图 6-46　content 布局效果图**

子页制作完成效果图如图 6-47 所示。

**图 6-47　首页完成效果图**

　**任务小结**

通过本次任务，继续巩固了使用 div+CSS 进行网页页面布局制作的知识。

（1）练习网站子页面的结构分析；

（2）了解子页和主页的关系以及子页菜单链接中当前页面链接项的样式叠加；

（3）制作中要巧妙运用 margin－top 负值来定位容器。

# 任务五　网站发布

　**任务提出**

依据要求，现在完成了网站的页面制作工作，需要将网站网布到互联网上。

　**任务分析**

完成这个任务，需要 Web 服务器，并利用 FTP 将网站上传到服务器中

（1）利用 Dreamweaver CS4 在本地设置连接和测试服务器的参数；

（2）在互联网中打开上传的网页。

　**任务实施**

## 1. 准备 Web 服务器

一般 Web 服务器可以在本地配置，也可以利用别人已经准备好的，配置本地服务器

需要安装 IIS 或其他程序。本任务只讲解如何将本地做好的网站上传至远端服务器,并对本地和远程文件进行管理与维护。

(1) 保证本地计算机处于联网状态,打开百度、Google 等搜索引擎,输入"免费个人空间"等关键字,查找可以申请免费空间的网站。在此以 www.5944.net 为例,在地址栏输入 www.5944.net,打开 5944 免费空间的主页,首先需要注册成为免费空间用户,单击【立即注册】按钮,如图 6-48 所示。

图 6-48    5944 首页

(2) 进入注册页面注册新用户信息,如图 6-49 所示。

图 6-49    注册界面

(3) 注册成功后,将提供一些非常重要的服务器端的信息,如 FTP 地址、FTP 账号、FTP 密码以及域名。这些信息将是连接服务器和浏览网页的钥匙,如图 6-50 所示。

| 您使用的空间资源情况： | 总大小:1000M | | 站点状态：正常 |
|---|---|---|---|
| 有效期： | 2011-12-9 13:30:52 [增加使用时间] (永久免费,用户需每月登陆此页面点击增加空间使用时 | | |
| 系统自动分配的域名： | http://1740.5151.info [默认] | | |
| 您自主绑定的域名： | 绑定域名 | | |
| FTP上传地址： | 174.128.236.189 [复制] 或 1740.5151.info [复制] [上传文件] | | |
| FTP上传帐号： | 1740 [复制] | | |
| FTP上传密码： | 111111 [复制] | | |

图 6-50　FTP 信息

（4）获取到服务器的信息后，服务器的准备工作就告一段落，下面将进行服务器连接。

**2. 连接 Web 服务器**

（1）启动 Dreamweaver CS4，在【欢迎界面】中的【新建栏】中选择【Dreamweaver 站点】，或者选择菜单栏【新建】｜【新建站点】，打开站点向导对话框，切换到【高级】选项卡，在【分类】列表中，选择【本地信息】，填写站点名称、网站目录和图片文件夹信息即可，如图 6-51 所示。

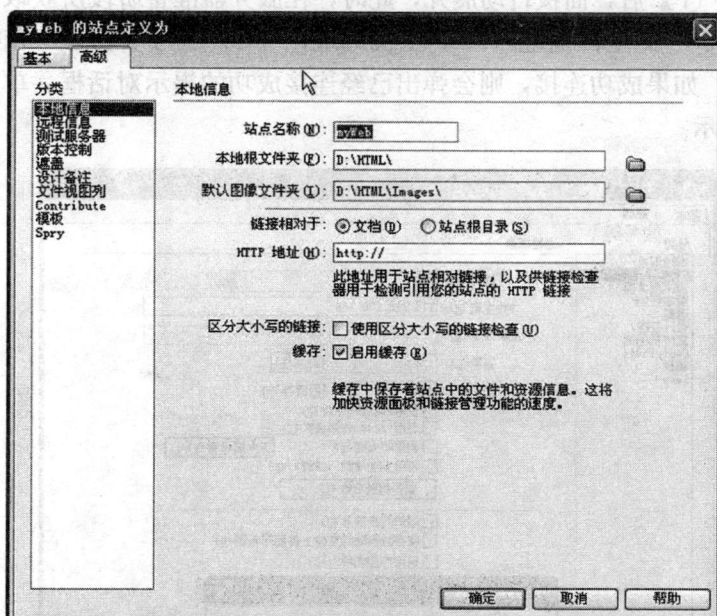

图 6-51　本地信息

（2）在【分类】列表中，选择【远程信息】，在【访问】下拉列表中，选择【FTP】，如图 6-52 所示。

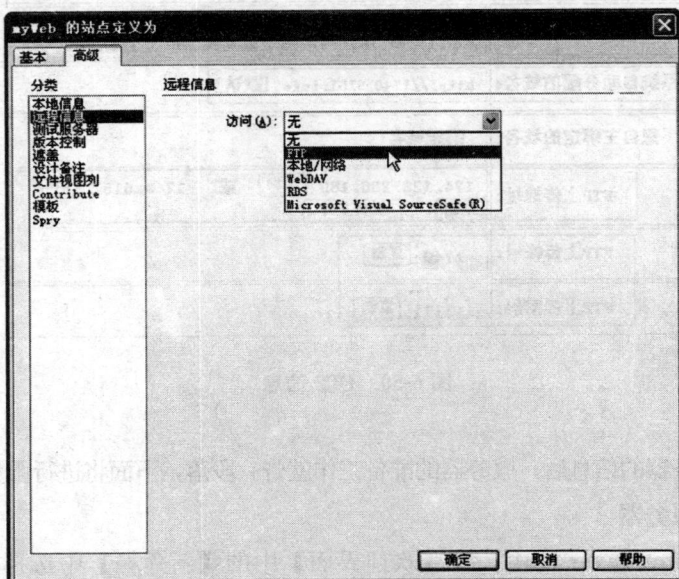

**图 6-52  访问选择**

（3）选择【FTP】后，面板自动展开，此时，在服务器准备阶段所获取的信息就派上用场了，分别填写 FTP 上传地址（FTP 主机地址）、FTP 账号（登录）和密码，然后单击【测试】按钮。如果成功连接，则会弹出已经连接成功的提示对话框，单击【确定】按钮，如图 6-53 所示。

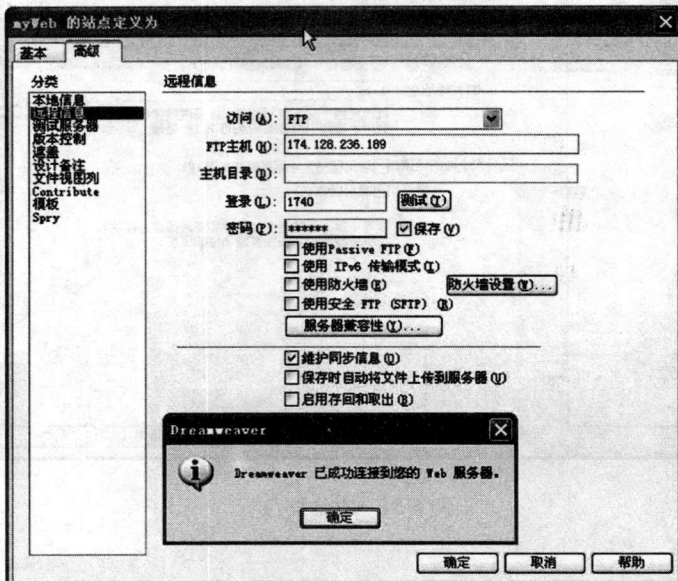

**图 6-53  远程信息**

### 3. 上传站点

连接到服务器后，就可以将做好的网站上传发布，并在互联网上浏览了。

（1）打开【文件】面板，单击左侧【连接到服务器】按钮 ，确保已经和远端计算机成功连接，如图 6-54 所示。

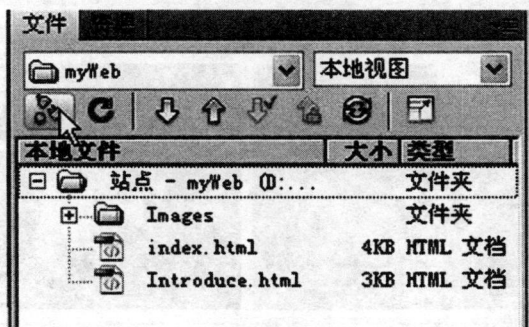

图 6-54　连接远端服务器

（2）选中列表中的站点文件夹，单击【上传文件】按钮 ，弹出提示对话框，单击【确定】，如图 6-55 所示。

（3）将视图切换到【远程视图】，刚刚上传的站点文件都在这里，删除远程视图目录中默认的主页文件 us.htm，如图 6-56 所示。

图 6-55　上传站点

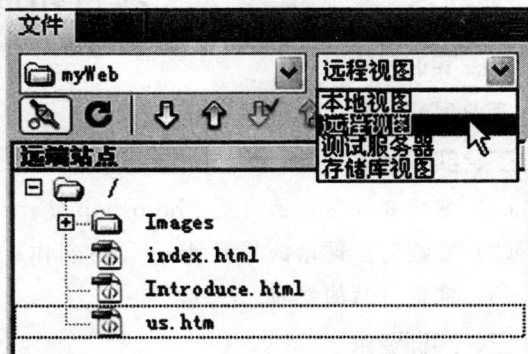

图 6-56　远程视图

### 4. 访问远程站点

至此，整个站点已经完整地上传到 Web 服务器了，下面就该访问站点了，打开浏览器，在地址栏中输入 http://1740.5l5l.info/（这是前面注册服务器的时候自动分配的域名），按下回车键，刚刚上传的网页就打开了，如图 6-57 所示。

**图 6-57　访问远程站点**

 **任务小结**

通过本次任务，学会了如何将自己的本地站点发布到互联网中。

（1）掌握服务器的信息获取；

（2）学会如何利用 Dreamweaver CS4 上传网站至服务器。

# 项目拓展实训

## 一、实训名称

商业网站制作。

## 二、实训目的

（1）掌握商业网站的页面 Photoshop 设计；

（2）掌握商业网站的页面 div＋CSS 制作；

（3）掌握网站的发布。

## 三、实训要求

（1）做好企业风格网站设计的素材准备工作；

（2）利用 div＋CSS 技术完成企业网站的制作；

（3）将最终制作完成的网页，用超链接链接好，并发布在互联网上。

## 四、实训条件

Dreamweaver CS4、IE 浏览器（Internet Explorer 8.0）、火狐浏览器（Firefox7.0）、谷歌

浏览器(Chrome14.0)

## 五、实训内容

如图 6-58 陶瓷类企业网站产品展示案例，由学生自己设计一套企业风格的网页（至少包括首页、子页和产品展示页），并利用 div＋CSS 布局制作完成，最终发布到互联网上，由教师通过学生提供的网址进行实训评分。

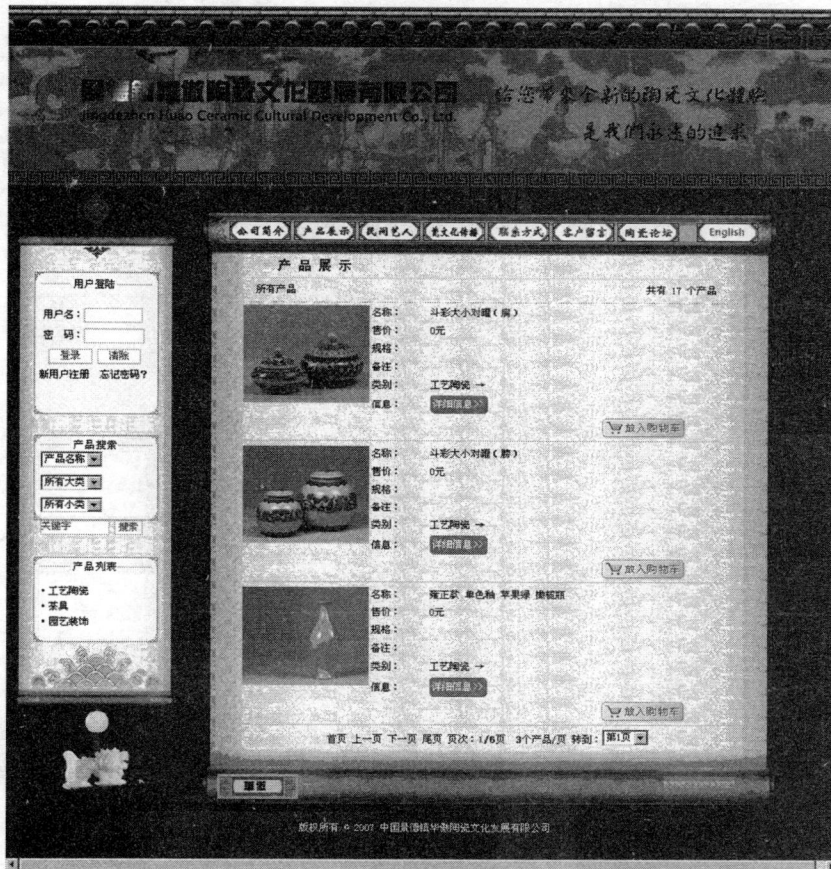

**图 6-58 陶瓷类企业网站产品展示案例**

# 参考文献

［1］陈道波. 网页设计与制作项目式教程［M］. 北京：电子工业出版社出版，2011.

［2］王华. 网页视觉设计案例教程［M］. 北京：电子工业出版社出版，2011.

［3］李敏. 网页设计与制作案例教程［M］. 北京：电子工业出版社出版，2009.

［4］众等. div＋CSS 网页布局商业案例精粹［M］. 北京：电子工业出版社出版，2007.

［5］陈刚. CSS 标准网页布局开发指南［M］. 北京：清华大学出版社，2007.

［6］张玲. 网页设计与制作［M］. 北京：机械工业出版社，2005.

# 参考文献

[1] 黄纯焕. 网页设计与网页制作大全[M]. 北京：清华大学出版社，2010.
[2] 王珊. 网页设计与制作[M]. 北京：清华大学出版社，2011.
[3] 李峰. 网页设计与网页制作[M]. 北京：电子工业出版社，2008.
[4] 文华. div+CSS网页布局与美工实例精讲[M]. 北京：电子工业出版社，2007.
[5] 陈益材. CSS+DIV网页布局技术详解[M]. 北京：清华大学出版社，2007.
[6] 未来. 网页设计与制作[M]. 天津：南开工业出版社，2006.